从入门到实战·微课视频

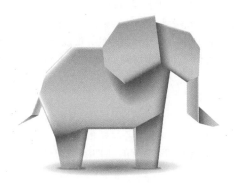

Photoshop CC
移动UI设计从入门到实战
微课视频版

◎ 郭继远 编著

U0378024

清华大学出版社

北京

内 容 简 介

本书以 Photoshop CC 为平台编写，全面、系统地介绍了移动 UI 设计的基础知识、设计工具的使用及界面设计实战等内容。全书共分为 3 篇，分别为移动 UI 设计的入门篇、进阶篇和实战篇。全书共 11 章，分别介绍了移动 UI 设计基础、移动 UI 的图像性质、移动 UI 图像制作的常用环境、Photoshop 制作移动 UI 图像的常用工具、移动 UI 的色彩与风格设计、移动 UI 的文字设计、移动 UI 的图像选择合成及特效处理、设计移动应用的图标、移动 UI 控件设计案例、移动应用的界面设计案例、移动 UI 设计的全流程设计案例。

本书主要面向移动 UI 设计的爱好者和从事移动 UI 教育的教师，适合全国高等学校的学生及 UI 设计领域相关人员使用。

图书在版编目(CIP)数据

Photoshop CC 移动 UI 设计从入门到实战：微课视频版/郭继远编著．—北京：清华大学出版社，2021.7
（从入门到实战·微课视频）
ISBN 978-7-302-58048-5

Ⅰ．①P… Ⅱ．①郭… Ⅲ．①移动电话机－人机界面－程序设计 ②图像处理软件 Ⅳ．①TN929.53
②TP391.413

中国版本图书馆 CIP 数据核字(2021)第 075232 号

责任编辑：陈景辉
封面设计：刘　键
责任校对：郝美丽
责任印制：刘海龙

出版发行：清华大学出版社
　　　网　　　址：http://www.tup.com.cn，http://www.wqbook.com
　　　地　　　址：北京清华大学学研大厦 A 座　　　　　　邮　　　编：100084
　　　社 总 机：010-62770175　　　　　　　　　　　　　邮　　　购：010-62786544
　　　投稿与读者服务：010-62776969，c-service@tup.tsinghua.edu.cn
　　　质量反馈：010-62772015，zhiliang@tup.tsinghua.edu.cn
　　　课件下载：http://www.tup.com.cn,010-83470236
印 装 者：三河市君旺印务有限公司
经　　　销：全国新华书店
开　　　本：185mm×260mm　　　　印　张：16.25　　　　字　　　数：396 千字
版　　　次：2021 年 9 月第 1 版　　　　　　　　　　　印　　　次：2021 年 9 月第 1 次印刷
印　　　数：1～2000
定　　　价：89.90 元

产品编号：077485-01

前　言

　　用户界面是介于用户与硬件之间,为彼此沟通而设计的相关媒介,因此用户界面是人和机械沟通的桥梁。图形用户界面是指采用图形方式的计算机操作的用户界面,与早期计算机使用的命令行界面相比,图形界面对于用户来说在视觉上更易于接受。移动应用图形用户界面,简称移动 UI,是指应用在各类移动终端上的使用图形用户界面的统称。其主要作用为人机交互,提供操作逻辑,达到界面美观的整体效果。一个好的移动 UI 可以提升产品的个性和品位,为用户带来舒适、简单、自由的使用体验,同时也可以体现出产品的基本定位和特色。

　　随着智能终端(包括手机、智能手表等)逐渐成为每个人生活中必不可少的一部分,随之而来的是移动终端上人们日常使用的各类应用成为手机用户和商家争相关注的焦点,同时也成为未来社会中大数据来源的重要平台,而一款移动应用的用户体验度直接决定了该款应用的成败,同时移动 UI 设计的优劣在很大程度上决定了用户的体验度。因此移动 UI 设计师成为很多公司和企业都非常看重的人才。

　　Photoshop 是 Adobe 公司开发的用于图像处理的应用软件,在图像编辑、制作、处理等方面的功能强大,目前广泛应用于美术设计、彩色印刷、海报设计等。由于互联网产业的加速发展,该软件逐渐受到 PC 端网站、移动应用领域和各种移动智能终端智能应用的 UI 设计领域的欢迎,已成为这些领域最流行的图像处理应用软件。该软件支持 RGB 模式、灰度模式、位图模式、索引模式等多种图像模式,支持 PSD、BMP、TIFF、JPEG、GIF 等多种文件格式图像的处理。在该软件中,可对图像进行裁剪、上色、图像参数调整,并可使用多种风格的滤镜进行处理,更适合 UI 设计中多种交互效果的设计。

本书主要内容

　　本书以 Photoshop CC 为平台编写。本书全面、系统地介绍了移动 UI 设计的基础知识、设计工具的使用及界面设计实战等。全书分为 3 篇,分别为移动 UI 设计的入门篇、进阶篇和实战篇,共 11 章,分别介绍了移动 UI 设计基础、移动 UI 的图像性质、移动 UI 图像制作的常用环境、Photoshop 制作移动 UI 图像的常用工具、移动 UI 的色彩与风格设计、移动 UI 的文字设计、移动 UI 的图像选择合成及特效处理、设计移动应用的图标、移动 UI 控件设计案例、移动应用的界面设计案例、移动 UI 设计的全流程设计案例。

本书特色

　　(1) 适合 SPOC 教学和混合式教学。

　　本书除了提供基本的知识外,还提供了大多数学生使用的基础案例展示,也提供了有一定难度的创新任务设计,供不同学习层级的学生灵活掌握。同时,也为教师的教学模式的创新提供了便利。

(2)重点突出、目的明确。

本书立足于基本理论,面向应用技术,以需要、实用为尺度,以掌握概念、强化应用为重点,加强理论知识和实际应用的统一。

(3)语言通俗、图文并茂。

本书避免过多的专业词汇,尽量贴近初学者的学习视角,语言通俗易懂。在理论学习、过程实践、案例展示等多环节中融入了大量有助于理解的配图,便于读者理解。

(4)叙述翔实,实例丰富。

本书有详细的实例,每个例子都经过精挑细选,有很强的针对性。书中的案例都有完整的操作过程,而且非常简洁和高效,便于读者学习和调试。

配套资源

为便于教学,本书配有150分钟微课视频、案例素材、软件安装包、教学课件、教学大纲、教案、教学日历、实验教学计划书。

(1)获取微课视频方式:读者可以先扫描本书封底的文泉云盘防盗码,再扫描书中相应的视频二维码,观看教学视频。

(2)获取案例素材和软件安装包方式:先扫描本书封底的文泉云盘防盗码,再扫描下方二维码,即可获取。

源文件与案例素材   软件安装包

(3)其他配套资源可以扫描本书封底的"书圈"二维码下载。

读者对象

本书主要面向移动 UI 设计的爱好者和从事移动 UI 教育的教师,适合全国高等学校的学生及 UI 设计领域相关人员使用。

本书由西安工程大学计算机科学学院薛涛院长和牟莉副教授主审,朱欣娟教授组织规划,参加编写工作的有郭继远、孙浩文、姚艳、童小凯、周晓蕾、李惠雯、陆妍、陈潞滢、樊超宇、李塑和闫丽娟,本书最后一章引用了郭继远指导大学生创新创业项目的研究资料。此外霍炜和白新国参加了的书稿的审阅工作。

由于时间仓促,加之编者水平有限,疏漏之处在所难免,诚恳地期望得到各领域的专家和广大读者的批评指正。

编　者

2021 年 6 月

目　录

第 1 篇　移动 UI 设计入门

第 1 章　移动 UI 设计基础 ········· 3

本章学习目标 ········· 3
1.1　认识移动 UI ········· 3
　　1.1.1　移动 UI 概念 ········· 3
　　1.1.2　移动 UI 与平面 UI 的区别 ········· 5
1.2　移动 UI 设计的特点 ········· 6
1.3　移动设备的界面设计规范 ········· 8
　　1.3.1　iOS 的移动设备的界面设计规范 ········· 8
　　1.3.2　Android 的移动设备的界面设计规范 ········· 10
创新任务设计 ········· 11

第 2 篇　移动 UI 设计进阶

第 2 章　移动 UI 的图像性质 ········· 15

本章学习目标 ········· 15
2.1　位图与矢量图形 ········· 15
　　2.1.1　位图图形 ········· 15
　　2.1.2　矢量图形 ········· 16
2.2　像素与分辨率 ········· 17
2.3　图像颜色模式 ········· 17
2.4　存储文件格式 ········· 19
基础案例展示 ········· 20
创新任务设计 ········· 21

第3章 | **移动 UI 图像制作的常用环境** ·················· **22**

本章学习目标 ·· 22

3.1 移动 UI 制作常用环境的认识 ···················· 22

   3.1.1 认识菜单栏 ································· 22

   3.1.2 认识工具箱 ································· 23

   3.1.3 认识工具属性栏 ··························· 24

   3.1.4 认识图像编辑窗口 ························· 25

   3.1.5 认识调板 ··································· 25

3.2 移动 UI 图像文件制作辅助工具的使用 ············ 26

   3.2.1 图像文件的查看 ··························· 26

   3.2.2 辅助工具的使用 ··························· 30

基础案例展示 ··· 35

创新任务设计 ··· 38

第4章 | **Photoshop 制作移动 UI 图像的常用工具** ········· **39**

本章学习目标 ·· 39

4.1 选区工具 ·· 39

   4.1.1 选框工具组 ································· 40

   4.1.2 套索工具组 ································· 42

   4.1.3 魔棒和快速选择工具 ······················· 45

4.2 钢笔工具的使用 ···································· 46

   4.2.1 钢笔工具组 ································· 46

   4.2.2 路径选择工具组 ··························· 47

4.3 选区运算 ·· 48

   4.3.1 选区相加 ··································· 48

   4.3.2 选区相减 ··································· 48

   4.3.3 选区相交 ··································· 49

4.4 选区的调整 ·· 49

   4.4.1 移动选区及选区内容 ······················· 49

   4.4.2 修改选区 ··································· 50

   4.4.3 变换选区 ··································· 52

   4.4.4 反向 ······································· 53

   4.4.5 色彩范围 ··································· 54

   4.4.6 扩大选取 ··································· 55

4.5　填充工具组 ································· 56
　　4.5.1　油漆桶工具 ····················· 56
　　4.5.2　渐变工具 ························· 56
基础案例展示 ··································· 58
创新任务设计 ··································· 63

第 5 章　**移动 UI 的色彩与风格设计** ············· **64**

本章学习目标 ··································· 64
5.1　移动 UI 的色彩 ························· 64
　　5.1.1　色彩的三要素 ··················· 64
　　5.1.2　色彩应用规律 ··················· 67
　　5.1.3　色彩与生活 ····················· 68
　　5.1.4　色彩的设计 ····················· 70
　　5.1.5　移动 UI 常用的配色方案 ········ 71
5.2　手动调整移动 UI 图像的色彩 ········· 73
　　5.2.1　色阶 ··························· 73
　　5.2.2　曲线 ··························· 76
　　5.2.3　色彩平衡调整 ··················· 77
　　5.2.4　亮度/对比度 ··················· 78
　　5.2.5　色相/饱和度 ··················· 79
　　5.2.6　曝光度 ························· 80
5.3　自动调整移动 UI 图像的色彩 ········· 81
　　5.3.1　去色 ··························· 81
　　5.3.2　反相 ··························· 81
5.4　特效调整移动 UI 图像的色彩 ········· 82
　　5.4.1　匹配颜色 ······················· 82
　　5.4.2　替换颜色 ······················· 83
　　5.4.3　通道混合 ······················· 83
　　5.4.4　渐变映射 ······················· 85
　　5.4.5　照片滤镜 ······················· 87
基础案例展示 ··································· 88
创新任务设计 ··································· 90

第 6 章　**移动 UI 的文字设计** ··················· **91**

本章学习目标 ··································· 91

6.1 文字设计理论 …………………………………… 91

6.1.1 字体基础术语 ……………………………… 91

6.1.2 两种设备中的字体 ………………………… 91

6.1.3 文字的大小规范 …………………………… 94

6.1.4 文字的颜色规范 …………………………… 96

6.1.5 如何让文字在 App 中更有层级 …………… 97

6.1.6 字体排版建议 ……………………………… 99

6.2 为移动 UI 图像添加文字 ……………………… 99

6.2.1 文字工具的使用 …………………………… 99

6.2.2 点文字的输入 ……………………………… 100

6.2.3 段落文字的输入 …………………………… 103

6.2.4 点文字与段落文字转化 …………………… 104

6.2.5 路径文字 …………………………………… 104

6.3 设置移动 UI 图像的文字格式 ………………… 107

6.3.1 文字属性的设置 …………………………… 107

6.3.2 段落属性的设置 …………………………… 108

6.3.3 设置文字的方向互换 ……………………… 109

6.3.4 创建变形文字 ……………………………… 109

创新任务设计 ………………………………………… 110

第 7 章　移动 UI 的图像选择合成及特效处理 …………… 111

本章学习目标 ………………………………………… 111

7.1 图层的理解 ……………………………………… 111

7.1.1 图层面板 …………………………………… 112

7.1.2 图层的基本操作 …………………………… 113

7.1.3 常用快捷键 ………………………………… 117

7.2 图层的混合模式 ………………………………… 117

7.2.1 图层混合模式基本概念 …………………… 117

7.2.2 图层混合模式原理介绍 …………………… 117

7.3 图层样式 ………………………………………… 119

7.3.1 图层样式的编辑 …………………………… 119

7.3.2 十大图层样式 ……………………………… 121

7.4 使用蒙版编辑移动 UI 图像 …………………… 128

7.4.1 图层蒙版 …………………………………… 129

7.4.2 图层蒙版的基本操作 ……………………… 129

7.4.3 矢量蒙版 …………………………………… 131

      7.4.4 剪贴蒙版 ·· 132

  基础案例展示 ··· 133

  创新任务设计 ··· 140

第 3 篇　移动 UI 设计实战

第 8 章　设计移动应用的图标 ························· 143

本章学习目标 ··· 143

8.1　图标设计概述 ·· 143

    8.1.1 图标设计原则 ····································· 143

    8.1.2 图标设计规范 ····································· 146

    8.1.3 图标手绘样稿 ····································· 148

    8.1.4 图标设计的风格分类 ····························· 149

8.2　移动 UI 图标制作实例 ···································· 152

    8.2.1 电话图标制作 ····································· 152

    8.2.2 微信图标制作 ····································· 154

8.3　移动 UI 半扁平化图标设计 ································· 155

8.4　移动 UI 立体图标的设计 ·································· 159

    8.4.1 拟物时钟终图标的制作 ··························· 159

    8.4.2 拟物化照相机图标制作 ··························· 164

创新任务设计 ··· 170

第 9 章　移动 UI 控件设计案例 ······················· 172

本章学习目标 ··· 172

9.1　开关设计 ·· 172

    9.1.1 系统开关设计实例 ································· 172

    9.1.2 开关优秀案例赏析 ································· 176

9.2　搜索框设计 ·· 177

    9.2.1 常规搜索框设计实例 ······························ 177

    9.2.2 搜索框优秀案例赏析 ······························ 178

9.3　对话框设计 ·· 179

    9.3.1 时尚对话框设计实例 ······························ 179

    9.3.2 对话框优秀案例赏析 ······························ 180

9.4　标签设计 ·· 181

    9.4.1 科技感标签栏设计实例 ··························· 181

9.4.2　标签栏优秀案例赏析 ················· 185

9.5　天气控件设计 ··································· 186

9.5.1　天气控件设计实例 ··················· 186

9.5.2　天气界面优秀案例赏析 ············· 188

9.6　进度条设计 ····································· 188

9.6.1　进度条设计实例 ····················· 188

9.6.2　进度条优秀案例赏析 ··············· 192

创新任务设计 ·· 193

第 10 章　移动应用的界面设计案例 ················ **194**

本章学习目标 ·· 194

10.1　天气界面设计 ································· 194

10.1.1　制作背景 ·························· 195

10.1.2　绘制第一个界面 ·················· 195

10.1.3　添加文字素材 ···················· 196

10.2　闹钟界面设计 ································· 199

10.2.1　制作背景 ·························· 199

10.2.2　绘制界面内容 ···················· 200

10.3　音乐播放器界面 ······················· 202

10.3.1　音乐播放器主界面设计 ·········· 202

10.3.2　top10 界面设计 ·················· 205

10.4　加载条界面设计 ······················· 206

10.4.1　制作背景并绘制状态栏 ·········· 206

10.4.2　添加文字 ························· 209

创新任务设计 ·· 211

第 11 章　移动 UI 设计的全流程设计案例 ··········· **213**

本章学习目标 ·· 213

11.1　"口袋工程"校园移动应用设计案例 ······ 213

11.1.1　需求分析 ·························· 213

11.1.2　竞品分析 ·························· 214

11.1.3　交互架构设计 ···················· 218

11.1.4　导航设计 ·························· 218

11.1.5　按钮设计 ·························· 220

11.1.6　界面设计 ·························· 221

11.2　聚搭实用造型搭配移动应用设计案例 ……………………… 227

11.2.1　需求分析 …………………………………………… 228

11.2.2　竞品分析 …………………………………………… 237

11.2.3　用户体验设计 ………………………………………… 238

11.2.4　交互架构设计 ………………………………………… 239

11.2.5　导航设计 …………………………………………… 240

11.2.6　按钮设计 …………………………………………… 242

11.2.7　界面设计 …………………………………………… 242

参考文献 …………………………………………………………… 245

第1篇

移动UI设计入门

第1章

移动UI设计基础

📖 **本章学习目标**

◆ 了解移动 UI 的基本概念和特点；
◆ 掌握 IOS 和 Android 移动设备的 UI 设计基本规范。

本章通过向读者介绍移动 UI 的概念，继而引出移动用户界面的含义，并提出了移动 UI 设计的基本特点。在理解前述基本概念的基础上，笔者提出了 IOS 和 Android 两类大移动平台的界面设计规范。

1.1　认识移动 UI

1.1.1　移动 UI 概念

用户界面（User Interface,UI）是介于用户与硬件之间为彼此沟通而设计的相关媒介，是人和机器沟通的桥梁。UI 设计不仅能让软件变得有个性、有品位，还可以让软件的操作变得舒适、简单、自由，这充分体现软件的产品定位和特点。

设计用户界面的目的是用户能够方便、有效率地操作硬件，以达成双向交互，凡参与人类与机器的信息交流的领域都存在着用户界面。按照其形态可以分为物理界面、命令行界面、图形用户界面。

人们经常看到的汽车驾驶室内的控制面板就是物理界面，如图 1-1 所示。

命令行用户界面是在图形用户界面出现之前产生的，依靠在屏幕上数据字符命令执行操作指令的用户界面，最著名的命令行用户界面就是 MS-DOS 界面，如图 1-2 所示。

图 1-1　物理界面

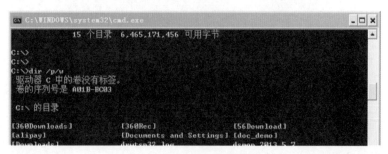

图 1-2　MS-DOS 界面

图形用户界面(Graphical User Interface,GUI)是指采用图形方式的计算机操作的用户界面。与早期计算机使用的命令行界面相比,图形界面对于用户来说在视觉上更易于接受。微软公司的 Windows XP 系列和 Surface 系列的图形用户界面如图 1-3 所示。虽然都是图形用户界面,但可以看出二者在设计思路上还是有明显区别的。一般来说,图形用户界面可以分为移动 UI 和平面 UI。

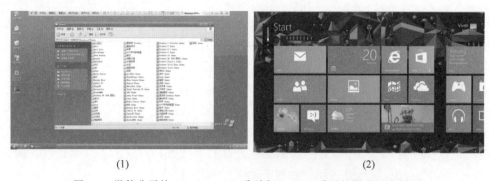

(1)　　　　　　　　　　　　　　　　　(2)

图 1-3　微软公司的 Windows XP 系列和 Surface 系列的图形用户界面

移动 UI 是指应用在各类移动终端上的使用图形用户界面的统称,其主要作用是为人机交互提供操作逻辑,达到界面美观的整体效果。一个好的移动 UI 可以提升产品的个性和品位,为用户带来舒适、简单、自由的使用体验,同时也可以体现出产品的基本定位和特色。三星公司 A8 手机的界面如图 1-4 所示。一款智能手表的用户界面如图 1-5 所示。这些都属于移动 UI。

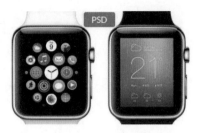

图 1-4　三星公司 A8 手机的界面　　　　　　图 1-5　一款智能手表的用户界面

1.1.2　移动 UI 与平面 UI 的区别

从应用领域来看,移动 UI 主要应用在手机和可穿戴设备等移动设备的智能应用客户端上,而平面 UI 的应用范围非常广泛,包括了绝大部分的 UI 设计领域,如网页界面设计、普通软件的界面设计等。

从界面特征来看,移动 UI 与平面 UI 具有不同的特点,如尺寸、控件、组件类型等,与传统平面设计的审美及设计风格大不相同。百度手机客户端页面如图 1-6 所示,百度的网站页面如图 1-7 所示。

图 1-6　百度手机客户端页面

图 1-7　百度的网站页面

本书提到的移动 UI 设计重点指移动 App 的 UI 设计。

1.2　移动 UI 设计的特点

1. 简约性

在整个移动 UI 设计过程中,必须突出设计的简约性原则,这里的简约主要表现在三个方面。第一,设计界面简洁,让用户便于了解,最大限度地减少用户的选择性错误;第二,记忆负担最小,一定要科学地分配应用的功能说明,力求简化操作,不能给用户增加思维负担,让用户一目了然;第三,功能快速锁定,在功能排序上,让用户在最短的时间内找到自己需要的功能,特别是经常使用的功能,让用户产生简洁易用的感觉。因此必须有清晰的功能架构,让用户知道当前在哪里,并能返回到哪里。番茄空间 App 的主界面如图 1-8 所示。从界面设计来看,界面顶部清晰地标出了应用的名称和核心功能,中部表明了该应用的大部分功能模块,界面设计简洁明了,便于用户理解和操作。

2. 一致性

移动 UI 设计的一致性是指根据界面系列的不同属性,以其所具有的一致性为前提,根据属性来抽取组合。这意味着用户可以花很少的精力在学习操作上,使用户对 UI 设计的体验更为流畅。在前期风格设定完成的情况下,后期设计在设计界面元素时要把握好外形、材质、颜色等方面的一致性问题,再将整个设计元素融入界面中,力求整个界面形成统一风格。三星音乐移动应用的界面如图 1-9 所示。其界面风格的设计上有较好的一致性,每一个设计都有不同的视觉表现,形状、色彩、质地等特性相互融合,每个界面又包含不同的元素相互交叉,将这些界面特征相互融合,为用户提供一个风格统一的界面是该原则的重要内容。

图 1-8　番茄空间主界面

图 1-9　三星音乐移动应用的界面

3. 用户至上

用户至上主要是指想用户之所想,思用户之所思。研究用户使用这个应用的场景及操作过程。首先,让用户无障碍理解界面元素。无论设计风格是扁平化还是拟物化,设计的图标、按钮等控件用户必须能无障碍理解。其次,考虑用户的使用该应用的环境,如公交和地铁站(如图 1-10 所示),如果能提供单手操作则更便于用户单手操作。再次,让用户的行为可逆。在用户进行选择操作时应用都应该是可逆的,如果用户做出了不合适

图 1-10　公交站手机用户

的操作后,应当给予适当的提示信息。最后,增加应用的人性化、个性化设置,如提供换肤功能等。

1.3 移动设备的界面设计规范

1.3.1 iOS 的移动设备的界面设计规范

1. 界面尺寸

iOS 移动设备界面尺寸列表如表 1-1 所示。不同 iOS 移动设备的界面尺寸如图 1-11 所示。

表 1-1 iOS 移动设备界面尺寸

设 备	分辨率/px	状态栏高度/px	导航栏高度/px	标签栏高度/px
iPhone6 Plus	1242×2208	60	132	146
iPhone6	750×1334	40	88	98
iPhone5/5s/5c	640×1136	40	88	98
iPhone4/4s	640×960	40	88	98
iPad3/4/air/air2/mini2	2048×1536	40	88	98
iPad1/2	1024×768	20	44	49
iPad mini	1024×768	20	44	49

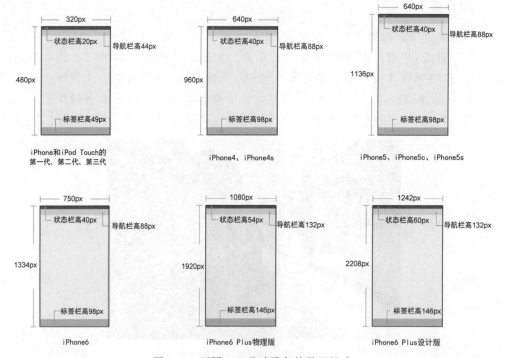

图 1-11　不同 iOS 移动设备的界面尺寸

2. 图标尺寸

不同 iOS 设备图标尺寸对照表，如表 1-2 所示。

表 1-2　不同 iOS 设备图标尺寸对照图

设　备	APP Store/px	程序应用/px	主屏幕/px	spotlight 搜索/px	标签栏/px	工具栏和导航栏/px
iPhone6 plus	1024×1024	180×180	144×144	87×87	75×75	66×66
iPhone6	1024×1024	120×120	144×144	58×58	75×75	44×44
iPhone5/5s/5c	1024×1024	120×120	144×144	58×58	75×75	44×44
iPhone4/4s	1024×1024	120×120	144×144	58×58	75×75	44×44
iPad3/4/air/air2/mini2	1024×1024	180×180	144×144	100×100	50×50	44×44
iPad1/2	1024×1024	90×90	72×72	50×50	25×25	22×22
iPad mini	1024×1024	90×90	72×72	50×50	25×25	22×22

3. 字号

关于字号的大小，百度用户体验部对用户可以接受的字号做过一个小调查，对于 iOS App 字号大小的调查结论如表 1-3 所示。

表 1-3　用户对字号的接受度调查结论表

		可接受下限/px (80%用户可接受)	最小值/px (50%以上用户认为偏小)	舒适值/px (用户认为最舒适)
iOS	长文本	26	30	32～34
	短文本	28	30	32
	注　释	24	24	28

4. 颜色值

iOS 颜色值取 RGB 各颜色的值。例如，某个色值，给予 iOS 开发的色值为"R：12""G：34""B：56"，给出的值就是 12、34、56。根据开发的习惯有时也用十六进制。

5. 内部设计

（1）所有能单击的图片像素不得小于 44px（Retina 需要 88px）。

（2）单独存在的部件必须是双数尺寸。

（3）两倍图以@2x 作为命名后缀。

（4）充分考虑每个控制按钮在 4 种状态（默认、按下、选中、不可点击）下的样式，如图 1-12 所示。

图 1-12　按钮的 4 种状态

1.3.2　Android 的移动设备的界面设计规范

1．界面尺寸

Android 的尺寸众多，建议使用分辨率为 720×1280px 的尺寸设计。在 1080×1920px 中看起来也比较清晰；切图后的图片文件大小也适中，应用的内存消耗也不会大。

状态栏高度：50px。

导航栏高度：96px。

标签栏高度：96px。

Android 最近出的手机几乎都去掉了实体键，把功能键移到了屏幕中，当然高度也是和标签栏一样。

内容区域高度为 1038px（1280－50－96－96＝1038）。

2．图标尺寸

图标尺寸如表 1-4 所示。

表 1-4　Android 移动设备图标尺寸

屏幕大小/ dp×dp	启动图标/ px	操作栏图标/ px	上下文图标/ px	系统通知图标/ px(白色)	最细笔画/ px
320×480	48×48	32×32	16×16	24×24	不小于 2
480×800/480× 854/540×960	72×72	48×48	24×24	36×36	不小于 3
720×1280	48×48	32×32	16×16	24×24	不小于 2
1080×1920	144×144	96×96	48×48	72×72	不小于 6

注：Android 设计规范中，使用的单位是 dp，dp 在 Android 手机上不同的密度转换后的 px 是不一样的。

3．字体

Android 上的字体为 Droid sans fallback ，是谷歌自己的字体，与微软雅黑很像。Android 的字体大小满意度调查结论如表 1-5 所示。

表 1-5　Android 字体大小满意度调查结论

		可接受下线/px （80%用户可接受）	见小值/px （50%以上用户认为偏小）	舒适值/px （用户认为最舒适）
Android 高分辨率 （480×800(dp×dp)）	长文本	21	24	27
	短文本	21	24	27
	注释	18	18	21
Android 低分辨率 （320×480(dp×dp)）	长文本	14	16	18～20
	短文本	14	14	18
	注释	12	12	14～16

4. 颜色值

Android 颜色值取值为十六进制的值。例如,一种白色的值为♯fafbf9。

创新任务设计

深度挖掘网上移动 UI 的设计规范,找出 UI 设计领域主流设计尺寸并画出相关尺寸分布示意图。

注意:参考图 1-11 进行设计,可以使用相关辅助软件。

第2篇

移动UI设计进阶

第**2**章

移动UI的图像性质

📖 **本章学习目标**

➤ 熟练掌握图像的性质和种类；
➤ 了解位图与矢量图形的区别；
➤ 熟练掌握存储文件格式与图像质量的关系。

本章先向读者介绍移动 UI 设计中关于图像的基本知识，后面介绍了存储文件格式与图像的关系。

2.1 位图与矢量图形

2.1.1 位图图形

位图图形（Bitmap），亦称为点阵图像或绘制图像，是由单个像素（图片元素）点组成的。

位图中的每个点都有自己的颜色和位置等数据信息，这些点可以进行不同的排列和染色以构成丰富色彩的图样。当放大位图时，可以看见位图出现马赛克形状。扩大位图尺寸的效果是增大单个像素，而当位图的放大倍数超过其最佳分辨率时，就会出现细节丢失，并产生线条和形状参差不齐的情况，位图放大前后效果对比如图 2-1 所示。如果从稍远的位置观看，位图图像的颜色和形状又显得是连续的。缩小位图尺寸也会使原图变形，因为这是通过减少像素能使整个图像变小。同样，由于位图图形是以排列的像素集合体形式创建的，所以不能单独操作（如移动）局部位图。

图 2-1　位图放大前后效果对比

2.1.2　矢量图形

　　矢量图形,也称为面向对象的图形或绘图图形,由点、线和面等元素组成,以数学向量的方式记录图像。矢量文件中的每个图形对象都是一个独立的实体,具有颜色、形状、轮廓、大小、屏幕位置等属性。

　　矢量图是根据几何特性绘制图形,矢量可以是一个点或一条线,矢量图只能靠软件生成,文件占用内存较小,因为这种类型的图像文件包含独立的分离图像,可以自由无限制地重新组合。矢量图形和分辨率无关,它的特点是放大后图像不会失真,因此可以任意倍地缩放。但是,矢量图形的色彩表现不如位图准确,因此不适于制作色彩非常丰富的画面,矢量图放大前后效果对比如图 2-2 所示。矢量图形适用于图形设计、文字设计、标志设计、版式设计等。

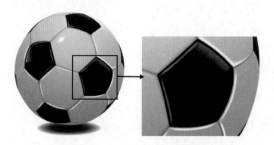

图 2-2　矢量图放大前后效果对比

　　位图图形与矢量图形的比较,如表 2-1 所示。

表 2-1　位图图形与矢量图形的比较

图像类型	组成	优　点	缺　点	常用制作工具
位图图形	像素	只要有足够多的不同色彩的像素,就可以制作色彩丰富的图像,逼真地表现自然界的景象	缩放和旋转容易失真,同时文件容量较大	Photoshop 等
矢量图形	数学向量	文件容量较小,在进行放大、缩小或旋转等操作时图像不会失真	不宜制作色彩变化太多的图像	Flash、CorelDraw 等

2.2 像素与分辨率

像素即为图像元素。从定义上来看,像素是指基本原色素及其灰度的基本编码。像素是构成数码影像的基本单元,通常以像素每英寸 ppi(Pixels Per Inch)为单位来表示影像分辨率的大小。

例如,分辨率为 300×300ppi 表示水平方向与垂直方向上每英寸长度上的像素数都是300,也可表示为一平方英寸内有 9 万(300×300)像素。

如同摄影的相片一样,数码影像也具有连续性的浓淡阶调,若把影像放大数倍,会发现这些连续色调其实是由许多色彩相近的小方点所组成,这些小方点就是构成影像的最小单元——像素,如图 2-3 所示。这种最小的图形单元在屏幕上显示通常是单个的染色点。在移动 UI 设计中,图像的分辨率越高,文件就会越大,拥有的色板也就越丰富,也就越能表达颜色的真实感。

图 2-3 像素点示例

2.3 图像颜色模式

在 Photoshop 图像处理软件中,有位图、灰度、双色调、索引颜色、RGB 颜色、CMYK 颜色、Lab 颜色、多通道这 8 种模式,它们之间具有某些特定的联系,有时为了输出一个印刷文件或需要对一个图像进行特殊处理时,需要从一个模式转换到另一个模式。

1. RGB 模式

RGB 模式中,R 表示 Red(红色)、G 表示 Green(绿色)、B 表示 Blue(蓝色)。RGB 图像只使用三种颜色,在屏幕上重现多达 1670 万种颜色。RGB 图像为三通道图像,因此每个像素包含 24 位。

Photoshop 的 RGB 模式使用 RGB 模型,给色彩图像中每个像素的 RGB 分量分配一个从 0(黑色)～255(白色)的强度值。例如,一种明亮的红色可能 R 值为 246,G 值为 20,B 值为 50;当三种分量的值相等时,结果是灰色;当所有分量的值都是 255 时,结果是纯白色;

而当所有分量都是 0 时,结果是纯黑色。

  RGB 模式是 Photoshop 中最常用的颜色模式和新建 Photoshop 图像的默认模式。在非 RGB 颜色模式(如 CMYK)下工作时,Photoshop 会临时将数据转换成 RGB 数据再在屏幕上出现。

2. CMYK 模式

  CMYK 模式是一种减色颜色模式,这是它与 RGB 模式的根本不同之处。

  CMYK 模式中,C 代表纯青色,M 代表品红,Y 代表黄色,K 代表黑色。在 Photoshop 的 CMYK 模式中,每个像素的每种印刷油墨会被分配一个百分比值。最亮(高光)颜色分配较低的印刷油墨颜色百分比值,较暗(暗调)颜色分配较高百分比值。例如,明亮的红色可能会包含 2% 青色、93% 品红、90% 黄色和 0% 黑色。在 CMYK 图像中,当四种分量的值均为 0% 时,就会产生纯白色。CMYK 图像由用于打印分色的 4 种颜色组成,是四通道图像,包含 32 位/像素。

3. Lab 模式

  Lab 颜色设计与设备无关,不管使用什么设备(如显示器、打印机、计算机或扫描仪)创建或输出图像,这种颜色模式产生的颜色都能保持一致。Lab 颜色由心理明度分量(L)和两个色度分量组成,这两个分量即 a 分量(从绿到红)和 b 分量(从蓝到黄)。Lab 图像是包含 24 位/像素的三通道图像。

4. 位图模式

  位图模式是使用两种颜色值(黑白)表示图像中像素的模式。位图模式也称为黑白图像或一位图像(因为其位深度为 1)。

5. 灰度模式

  灰度图像的每个像素有一个 0(黑色)～255(白色)的亮度值,共 256 个灰度级。灰度值也可以用黑色油墨覆盖的百分比表示(0% 等于白色,100% 等于黑色)。使用黑白或灰度扫描仪产生的图像常以"灰度"模式显示。通常,可以将位图模式和彩色图像转换为灰度模式。

6. 双色调模式

  Photoshop 允许创建单色调、双色调、三色调和四色调图像。单色调是用一种单一的、非黑色油墨打印的灰度图像。双色调、三色调和四色调分别是用两种、三种和四种油墨打印的灰度图像。在这些的图像中,彩色油墨用于重现淡色的灰度而不是重现不同的颜色。

7. 索引模式

  索引模式最多使用 256 种颜色。当转换为索引颜色时,Photoshop 会构建一个颜色查照表(CLUT),用于存放并索引图像中的颜色。如果原图像中的一种颜色没有出现在查照表中,程序会在已有颜色中选取与之相近的颜色或使用已有颜色模拟该种颜色。索引颜色模式会使图像上的颜色信息丢失,但是这种模式可以通过限制调色板减小文件大小,同时保持在视觉上的品质不变。索引颜色模式用于多媒体动画或网页等。

8. 多通道模式

在每个通道中使用 256 个灰度级。多通道图像对特殊的打印非常有用。

2.4 存储文件格式

文件格式是一种将文件以不同方式进行保存的格式。Photoshop 中的文件格式决定了图像数据的存储方式、压缩方法以及支持什么样的 Photoshop 功能,还决定了文件是否与一些应用程序兼容。Photoshop 支持几十种文件格式,能很好地支持多种应用程序。在 Photoshop 中,常见的格式有 PSD、BMP、PDF、JPEG、GIF、TGA、TIFF 等。现在简单介绍六种常用图像的格式。

1. PSD 格式

PSD 格式是 Photoshop 默认的文件格式,可以保留文档中的所有图层、蒙版、通道、路径、未栅格化的文字、图层样式等。通常情况下,将文件保存为 PSD 格式,可以便于后续对文件进行修改。PSD 格式是除大型文档格式(PSB)之外能支持所有 Photoshop 功能的格式。其他 Adobe 应用程序,如 Illustrator、InDesign、Premiere 等可以直接置入 PSD 文件。当以 PSD 格式保存图像时,由于图像没有经过压缩,在图层较多的情况下文件会占用很大的硬盘空间。

2. PSB 格式

PSB 格式是 Photoshop 的大型文档格式,可支持最高达到 300 000px 的超大图像文件,能支持 Photoshop 的所有功能,可以保持图像中的通道、图层样式和滤镜效果不变,但它只能在 Photoshop 中打开。如果要创建一个 2GB 以上的 PSB 文件,可以使用此格式。

3. BMP 格式

BMP 格式是一种用于 Windows 操作系统的图层格式,主要用于保存位图文件。该格式可以处理 24 位颜色的图像,支持 RGB、位图、灰度和索引模式。BMP 格式被大多数软件接受,可称为通用格式,但图像文件比较大。

4. GIF 格式

GIF 格式是目前较为通用和流行的文件格式,它分为静态 GIF 和动态 GIF 两种,支持透明背景和动画,适用于多种操作系统。GIF 格式是输出图像到网页最常采用的格式。

GIF 采用 LZW 压缩方式压缩文件,限定在 256 色以内的色彩,占用磁盘空间小,对于包含颜色数目较少的图像,可选用 GIF 格式。

5. TITF 格式

TIFF 格式是由 Aldus 开发的,目的是使扫描图像标准化,是一种灵活的位图模式,可以不受操作平台的限制。TIFF 格式使用 LZW 无损压缩方式,大大减小了图像尺寸。另外,TIFF 格式可以保存通道、图层和路径等信息,这对于处理图像非常有好处。

6. JPEG 格式

JPEG 格式是由联合图像专家组开发的文件格式,是第一个国际图像压缩标准。它采用有损压缩算法,具有较好的压缩效果,但是将压缩品质数值设置得较大时,会损失掉图像的某个细节。JPEG 格式支持 RGB、CMYK 和灰度模式,不支持 Alpha 通道。

注意:Alpha 通道是一个 8 位的灰度通道,该通道用 256 级灰度记录图像中的透明度信息,用于定义透明、不透明和半透明区域,其中黑表示透明,白表示不透明,灰表示半透明。

◎ 基础案例展示

依据上面基础知识,设计一个更改移动 UI 图像颜色模式的案例,其基本要求是掌握图像的输入、输出以及图像不同颜色模式的差别。

(1) 在 Photoshop CC 中打开一张高品质移动 UI 图像,选择"图像"→"模式"→"CMYK 颜色"选项,并将其输出。调整图像的颜色模式如图 2-4 所示。

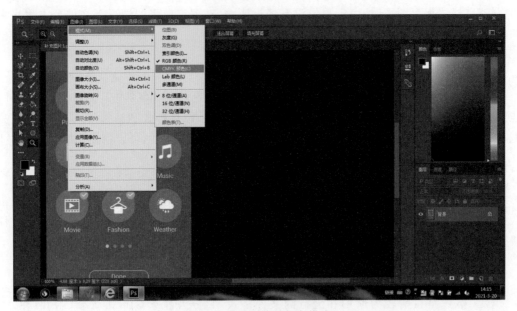

图 2-4　调整图像的颜色模式

(2) 对比 RGB 模式和 CMYK 模式下的移动 UI 图像,可看出颜色有较大不同,如图 2-5 和图 2-6 所示。

图 2-5　RGB 模式下的图像

图 2-6　CMYK 模式下的图像

创新任务设计

在综合运用本章基础知识的基础上完成图像的输入输出及颜色模式的更改,要求如下:

(1) 先找一张高品质的移动 UI 图像,将其导入 Photoshop CC 中,通过放大缩小操作观察图像品质变化,再将其转换为灰度模式,观察图像颜色变化,体会颜色模式与图像品质的关系。

(2) 设计一个简单的界面并用不同的颜色模式输出。

第 **3** 章

移动UI图像制作的常用环境

视频讲解

本章学习目标

← 认识并熟练掌握 Photoshop CC 的操作界面和常用环境；

← 熟练掌握参考线、标尺、网格的使用。

　　本章先向读者介绍移动 UI 设计需要使用的软件环境以及操作界面，包括常用的菜单栏、工具箱、工具属性栏，然后介绍如何使用参考线、标尺以及网格来制作手机空间 App 的框架。

3.1　移动 UI 制作常用环境的认识

3.1.1　认识菜单栏

1. 菜单栏的含义

　　菜单栏位于整个窗口的顶端，集中了大部分可执行的命令，这些命令被分类放置，以便调用。例如，图像菜单就包含了图像模式、图像调整等命令，用于改变图像的色彩和大小。菜单栏由"文件""编辑""图像""图层""文字""选择""滤镜""3D""视图""窗口"和"帮助"11 个菜单命令组成，如图 3-1 所示。

　　Ps　文件(F)　编辑(E)　图像(I)　图层(L)　文字(Y)　选择(S)　滤镜(T)　3D(D)　视图(V)　窗口(W)　帮助(H)

图 3-1　菜单栏

2. 菜单栏命令

下面分别介绍在移动 UI 设计中常用的菜单命令。

（1）文件：打开"文件"菜单，在弹出的菜单中可以执行新建、打开、存储、关闭、置入以及打印等一系列针对图像文件的命令。

（2）编辑："编辑"菜单包括还原、剪切、复制、粘贴、填充、变换以及定义图案等命令。

（3）图像："图像"菜单中的命令主要用于对图像模式、颜色、大小等进行调节以及设置。

（4）图层：该菜单中的命令主要用于对图像的图层进行相应的操作，这些命令便于对图层进行运用和管理，如新建图层、复制图层、蒙版图层、文字图层等。

（5）文字："文字"菜单中的命令主要用于对图像中的文字对象进行创建和设置，包括创建工作路径，转换为形状，变形文字以及字体预览大小等。

（6）选择："选择"菜单中的命令主要用于对图像中的选区进行操作，可以对选区进行反向、修改、变换、扩大、载入选区等操作。

（7）滤镜：该菜单中的命令可以为图像设置各种不同的特效。

（8）3D：3D 菜单用于对 App UI 3D 图像执行操作，用于打开 3D 文件、将 2D 图像创建为 3D 图形、进行 3D 渲染等。

（9）视图：该菜单中的命令可以对图像的视图进行调整和设置，包括缩放视图、改变屏幕模式、显示标尺、设置参考线等。

（10）窗口："窗口"菜单主要用于在设计 App UI 图像时，可以随意地控制工作界面中的工具箱和各个面板的显示和隐藏。

（11）帮助：主要用于提供使用 Photoshop CC 的各种帮助信息。在使用 Photoshop CC 的过程中，若遇到问题，可以查看该菜单，及时了解各种命令、工具和功能。

3. 新手提升

菜单命令的功能往往可以用快捷键或右键菜单等实现，以提高工作效率，所以在后面的学习中要记住常用的快捷键，菜单栏命令的常用快捷键汇总如表 3-1 所示。

表 3-1 菜单栏命令的常用快捷键汇总

菜单栏命令	快 捷 方 式	菜单栏命令	快 捷 方 式
新建文件	Ctrl＋N	后退一步	Alt＋Ctrl＋Z
打开文件	Ctrl＋O	剪切	Ctrl＋X
储存文件	Ctrl＋S	复制	Ctrl＋C
还原	Ctrl＋Z	粘贴	Ctrl＋V

3.1.2 认识工具箱

1. 工具箱的含义

工具箱位于工作界面的左侧，如图 3-2 所示。它集合了创建选区、修复、编辑图像等众多工具,在图像处理和 UI 设计中使用最频繁,如矩形选框工具、钢笔工具、画笔工具等。

2. 工具箱的基本操作

选择"窗口"→"工具"选项可隐藏和打开工具箱,如果单击工具箱上方的 ■ 按钮,会将工具箱展开为双行显示,再次单击 ■ 按钮,则会将其收缩为单行显示。

如果工具按钮的右下角有一个小三角形,那么表示该工具按钮还有其他工具,在该工具按钮上右击,可弹出所有隐藏的工具选项,如图 3-3 所示。

图 3-2 工具箱　　　　　　　　图 3-3 弹出隐藏的选项

3. 新手提升

在 Photoshop CC 中编辑和设计移动 UI 图像时,用户除了可以通过工具栏里的放大、缩小工具外,还可以通过组合键进行缩放操作。按 Ctrl＋－组合键,可以缩小图片;按 Ctrl＋＋组合键,可以放大图片。

3.1.3　认识工具属性栏

1. 工具属性栏的含义

工具属性一般位于菜单的下方,用于对工具进行设置,根据选择不同的工具,工具属性栏会相应地发生变化。例如,选择"椭圆选框工具""画笔工具",它们的工具属性栏如图 3-4 和图 3-5 所示。

2. 工具属性栏的基本操作

(1) 菜单箭头:单击该按钮,可以弹出列表框,菜单栏中包括多种混合模式。

(2) 小滑块按钮:单击该按钮,会出现一个小滑块用于数值调整。

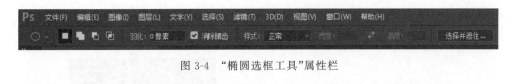

图 3-4 "椭圆选框工具"属性栏

图 3-5 "画笔工具"属性栏

3.1.4 认识图像编辑窗口

图像编辑窗口也称为工作区,是工作界面中打开的图像文件窗口,用于对图像进行各种编辑操作。

图像编辑窗口如图 3-6 所示。图像窗口的上方是标题栏,标题栏中可以显示当前文件的名称、格式、显示比例、色彩模式、所属通道和图层状态。若该文件未被保存过,则标题栏以"未命题"并加上连续的数字作为文件名称。

图 3-6 图像编辑窗口

3.1.5 认识调板

调板又称为浮动控制面板,位于工作界面的右侧,主要用于对当前图像的图层、颜色、样式以及相关的操作进行设置。单击菜单栏中的"窗口"菜单,在弹出的菜单列表中执行相应的命令,即可显示相应的浮动面板。"路径"浮动面板如图 3-7 所示,"图层"浮动面板如图 3-8 所示。

图 3-7 "路径"浮动控制面板

图 3-8 "图层"浮动面板

(1) 如果调板位置乱了,则执行"窗口"→"工作区"→"默认工作区"命令即可恢复到默认设置。

(2) Photoshop CC 在界面上保留之前版本的优点,即工具箱和调板都是可伸缩的,能最大限度扩宽工作区域,单击调板上方的 ◄◄ 按钮,会将所有调板收缩起来,再次单击 ►► 按钮,则又会将其展开,如图 3-9 所示。

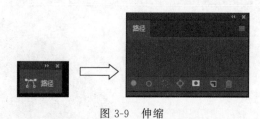

图 3-9 伸缩

3.2 移动 UI 图像文件制作辅助工具的使用

3.2.1 图像文件的查看

1. 抓手工具

当图像编辑窗口过小而图像过大时,只能看到图像的局部,这时就要用到"抓手工具",以便移动图像在窗口中的显示,它并未真正移动图像在文件窗口中的位置,这是与"移动工具"的不同之处。

1) 创建方式

当图像编辑窗口不能完全显示图像时,将鼠标移到图像窗口中按住左键并拖曳,可实现图像在窗口中移动,如图 3-10 所示。通过拖曳图像编辑窗口右侧和下方的位置调节滑块也可达到相同的效果。

图 3-10 图像在窗口中的移动

2）参数设置

参数设置选项栏如图 3-11 所示。

图 3-11 选项栏

滚动所有窗口：如果打开了多个窗口，并且这些窗口都不能完全显示图像，那么复选此项后，在移动其中一个窗口的图像时，其余窗口中图像的显示位置也会联动。

打开如图 3-12 所示的三张图片；选中"滚动所有窗口"复选框，然后拖动鼠标，可以看到三张图片同时移动，如图 3-13 所示；取消选中"滚动所有窗口"复选框，则只有所选窗口发生移动，如图 3-14 所示。注意，观察其他文件窗口右侧和下方的位置调节滑块与当前窗口的滑块是否处于相同的位置。

图 3-12 校园图片

图 3-13　选中"滚动所有窗口"复选框

图 3-14　取消选中"滚动所有窗口"复选框

3）新手提升

（1）实际像素：单击此按钮，会使当前窗口变为100％的大小显示。双击缩放工具也可达到此效果。

（2）适合屏幕：单击此按钮，会使当前窗口在不影响其他的对话框（如工具箱、调板等）的情况下得以最大显示。双击"抓手工具"也可达到此效果。

（3）打印尺寸：单击此按钮，会使当前窗口以打印分辨率的大小显示，这种显示受限于屏幕的大小和分辨率，所以并不准确。

2. 放大与缩小工具

在 Photoshop CC 中编辑和设计 UI 作品的过程中，用户可以根据需要对图像进行放大、缩小操作，以便更好地观察和处理图像。

放大与缩小显示图像的具体操作方法如下所述。

（1）使用菜单栏命令。

执行"文件"→"打开"命令，或按 Ctrl＋O 组合键打开一幅素材图像，如图 3-15 所示。

执行"视图"→"放大"命令，如图 3-16 所示。

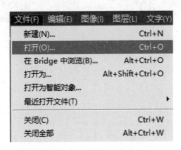

图 3-15 打开   图 3-16 放大

执行上述操作后，即可放大图像显示。

在菜单栏上两次执行"视图"→"缩小"命令，即可使图像的显示比例缩小到原来的 1/4。

（2）使用工具栏工具。

在工作界面左侧的工具栏里执行"放大镜工具"命令，便可以调节图像大小，也可以通过工具属性栏选择放大或缩小。

（3）使用导航器。

执行"文件"→"打开"命令，或按 Ctrl＋O 组合键打开素材"空间"。

执行"窗口"→"导航器"，打开"导航器"浮动面板，如图 3-17 所示。

执行上述操作后，可通过调节小滑块改变图像的大小。

（4）使用组合键。

按 Ctrl＋－组合键，可以缩小图片；按 Ctrl＋＋组合键，可以放大图片。

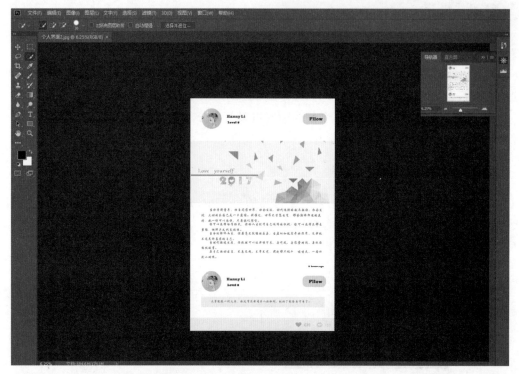

图 3-17　空间

3.2.2　辅助工具的使用

用户在编辑和绘制 UI 图像时,需要灵活应用"网格""参考线""标尺工具""注释工具"等辅助工具,这些工具有助于精确地定位、对齐、测量,以便更加有效地处理图像。例如,在对 UI 图像排版或完成一些规范操作时,就需要运用"参考线工具"。参考线相当于辅助线,起辅助作用,是浮动在整个图像上却不被打印的直线,可以随意移动、删除或锁定。下面依次介绍常用的辅助工具的具体操作方法。

1. 标尺工具

1）标尺的含义

标尺主要用于测量图像中任意两点的距离或某个位置的角度,测量信息可通过选项栏、信息调板或执行"窗口"→"记录测量"命令来观察。

2）创建方式

单击工具箱的"吸管工具"下面的小三角,在弹出的列表中执行"标尺工具"命令,如图 3-18 所示。

将光标移到文件窗口中起始点的位置按住鼠标左键并拖曳至结束点的位置后松开左键,这样便在这两点之间创建了一

图 3-18　标尺工具

条测量线,此时观察选项栏,可知道两点之间的距离、角度等信息,如图 3-19 和图 3-20 所示。在创建测量线时,如果同时按住 Shift 键,则创建的是直线段。

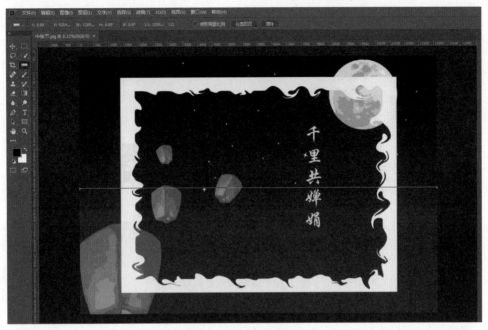

图 3-19　创建测量线

图 3-20　记录测量

在"记录测量"中,可以看到整个图片的长度和线段的角度,当然也可以执行"编辑"→"首选项"→"参考线、网格和切片"命令,修改标尺的属性,如比例单位。

2．网格

1)网格的含义

参考线和网格都可帮助设计师精确地定位图像或元素。网格对于对称排列图像很有帮助,网格在默认情况下显示为不打印出来的线条,但也可以显示为点。

2)网格的基本操作

(1)显示和隐藏网格的操作步骤。

打开一张图片,执行"视图"→"显示"→"网格"命令,或按 Ctrl+'组合键即可显示网格,如图 3-21 所示。

执行"视图"→"显示额外内容"命令,即可显示或隐藏网格。

(2)设置参考线和网格的首选项操作。

执行"编辑"→"首选项"→"参考线、网格和切片"命令,弹出对话框,如图 3-22 所示。可在其中修改参考线、智能参考线、网格和切片的颜色、样式等属性。

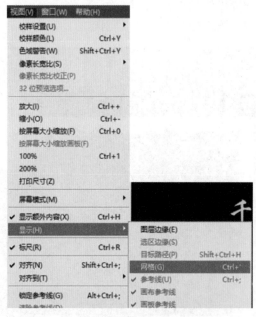

图 3-21　显示和隐藏网格

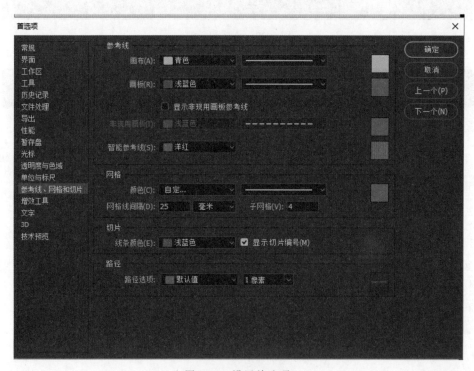

图 3-22　设置首选项

3）新手提升

参考线和网格的相似特性。

当拖曳选区、选区边框和工具时,如果拖曳距离小于 8 个屏幕(不是图像)像素,则它们将与参考线或网格对齐。

　　注意：参考线间距、是否能够看到参考线和网格以及对齐方式均因图像而异。网格间距、参考线和网格的颜色及样式对于所有的图像都是相同的。

3. 参考线

　　1）参考线的含义

　　参考线显示为浮动在图像上方的一些不会打印出来的线条。设计者可以移动、移去或锁定参考线。

　　2）显示参考线的操作步骤

　　执行"文件"→"打开"命令，或按 Ctrl＋O 组合键打开素材"中秋节"。

图 3-23　新建参考线

　　执行"视图"→"新建参考线"命令，弹出"新建参考线"对话框，选择"水平"单选按钮，在"位置"右侧输入"10 毫米"，如图 3-23 所示。

　　单击"确定"按钮，即可创建一条参考线，如图 3-24 所示。

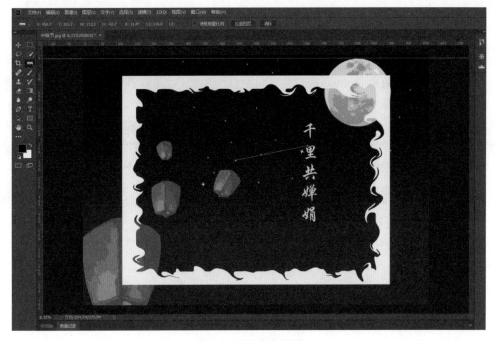

图 3-24　创建参考线

　　可以看到，新建的参考线距离图像最上方边缘 10 毫米，刚好为设置的长度，也就是说，在"新建参考线"对话框中设置的"位置"是从图像最上方开始算起的。同理，可将"水平"改为"垂直"。

　　3）智能参考线

　　参考线中有一个智能参考线，可以帮助对齐形状、切片和选区。当设计者绘制形状或创建选区或切片时，智能参考线会自动出现，也可以隐藏智能参考线。

智能参考线可用于以下多种情景。

（1）Option(Mac)/Alt(Windows)＋拖曳图层。

在按住 Option 键(Mac)或 Alt 键(Windows)的同时拖曳图层，Photoshop 会显示引用测量参考线，它表示原始图层和复制图层之间的距离。此功能可以与"移动"和"路径选择"工具结合使用，如图 3-25 所示。

（2）路径测量。

在处理路径时，Photoshop 会显示测量参考线。选择"路径选择"工具，然后在同一图层内拖曳路径，也会显示测量参考线，如图 3-26 所示。

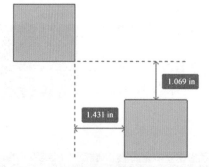
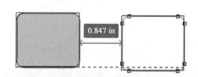

图 3-25　显示原始图层和复制图层之间的距离　　　　图 3-26　路径测量

（3）匹配的间距。

当复制或移动对象时，Photoshop 会显示测量参考线，以便直观地呈现与所选对象和直接相邻对象之间的间距相匹配的其他对象之间的间距。

Cmd（Mac）/ Ctrl（Windows）＋将光标悬停在图层上方：在处理图层时，可以查看测量参考线。在选定某个图层后，再按住 Cmd 键或 Ctrl 键的同时将光标悬停在另一图层上方。可以将此功能与箭头键结合使用，用于移动所选的图层，如图 3-27 所示。

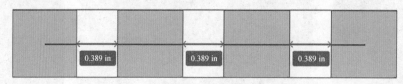

图 3-27　匹配间距

（4）与画布之间的距离。

在按住 Cmd 键或 Ctrl 键的同时将光标悬停在形状以外，Photoshop 会显示与画布之间的距离，如图 3-28 所示。

4）新手提升

（1）移动参考线有关的快捷键和技巧。

按住 Ctrl 键的同时拖曳鼠标，即可移动参考线。

按住 Shift 键的同时拖曳鼠标，可使参考线与标尺上的刻度对齐。

（2）快速新建参考线的操作方法。

按住 Ctrl 键的同时按下 R 键，便会在界面上出现标尺。

从标尺处按住鼠标拖曳便会新建一条参考线。

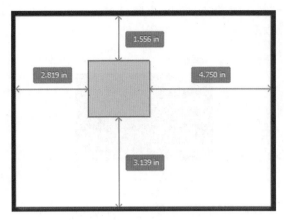

图 3-28 形状与画布的距离

注意：这里的参考线可以随意放置。

◎ **基础案例展示**

搭建手机空间 App 框架。基本步骤如下所述。

（1）新建一个文件,设置"名称"为"手机空间 App"界面宽度设置为 720px,高度设置为 1280px,分辨率设置为 72ppi,颜色模式设置为 RGB,如图 3-29 所示。

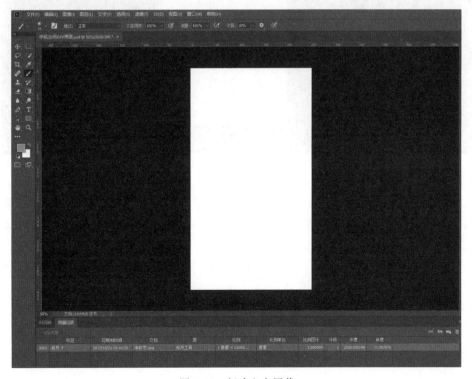

图 3-29 新建空白图像

（2）执行"视图"→"新建参考线"命令，方向设置为水平，位置设置为 0 毫米，如图 3-30 所示。

图 3-30　新建参考线

（3）根据步骤（1）和步骤（2）新建三个参考线，如图 3-31 所示。

图 3-31　新建三个参考线

（4）选择在工具栏中的"标尺工具"选项，从图像的左上角开始按住左键不动，垂直向下拖曳，直到长度为 135.5 毫米松开左键，从标尺处拖出一条参考线到该位置，如图 3-32 所示。

（5）选择工具箱中的"矩形选框工具"选项，根据所绘制的参考线绘制矩形并填充颜色，如图 3-33 所示。

（6）根据上述操作将剩余部分划分好，如图 3-34 所示。

上面只是一个简单的框架，读者可用自己的图片将其内容丰富，制作一个属于自己的空间界面。

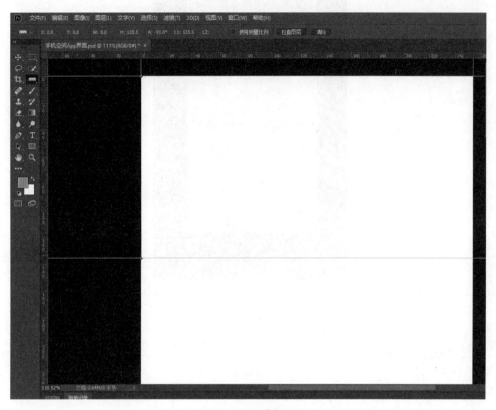

图 3-32　新建标尺

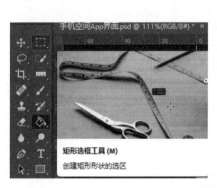

图 3-33　绘制矩形

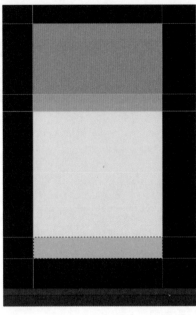

图 3-34　布局

创新任务设计

根据图 3-35 结合本章内容,运用辅助线和其他工具设计个人空间界面。

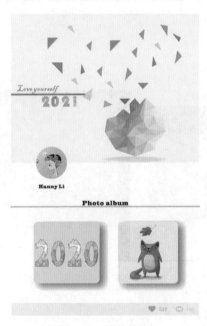

图 3-35　个人空间

第 **4** 章

Photoshop制作移动 UI图像的常用工具

本章学习目标

- 熟练掌握选区工具、钢笔工具、填充工具的使用方法;
- 了解如何进行选区的运算以及调整选区,对选区进行变形;
- 熟练掌握各项命令的使用。

本章先向读者介绍选区工具和钢笔工具的使用方法及技巧,再介绍如何使用选区工具、钢笔工具和各种命令来对选区进行运算或调整选区,最后介绍填充工具的相关知识及使用方法。

4.1 选区工具

在 Photoshop 中编辑图像时,首先要选择需要编辑的部分,即创建选区,然后才能进行编辑。在实际的图像处理中,经常需要处理一些不规则的选区,这时选择一个合适的选区工具就至关重要。选区工具一共有两大用途。

（1）选区工具可以便于处理局部图像而不会影响其他部位,即将编辑限定在一定的区域内,如图 4-1～图 4-4 所示。

（2）选区工具可以分离图像,如图 4-5～图 4-8 所示。

图 4-1　原图

图 4-2　设定选区

图 4-3　调整选区内的图像

图 4-4　未选择选区,调整全图像

图 4-5　原图

图 4-6　将牛设定为选区

图 4-7　新的背景图像

图 4-8　为牛群更换背景图像

视频讲解

4.1.1　选框工具组

　　如果需要编辑的图像是规则的,那么就可以利用 Photoshop CC 中提供的选框工具组(快捷键为 M)。选框工具组(如图 4-9 所示)包括矩形选框工具、椭圆选框工具、单行选框工具以及单列选框工具,它们分别用于创建不同形状的规则选区。

图 4-9　选框工具组

　　(1) 矩形选框工具用于在被编辑的图像中或在单独的图层中画出矩形区域,如图 4-10 所示。另外,按住 Shift 键可以画出正方形的选区,如图 4-11 所示。按住 Alt 键将以起始点为中心画出选区,如图 4-12 所示。

　　(2) 椭圆选框工具用于在被编辑的图像中或在单独的图层中画出椭圆区域,如图 4-13 所示。另外,按住 Shift 键可以画出正圆的选区,如图 4-14 所示。按住 Alt 键将以起始点为中心画出选区,如图 4-15 所示。

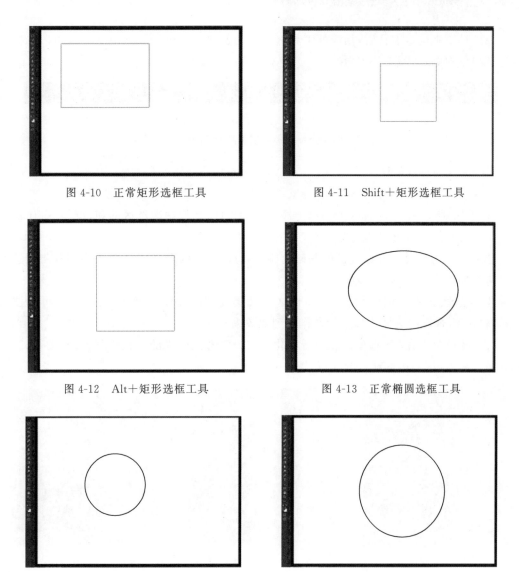

图 4-10 正常矩形选框工具   图 4-11 Shift＋矩形选框工具

图 4-12 Alt＋矩形选框工具   图 4-13 正常椭圆选框工具

图 4-14 Shift＋椭圆选框工具   图 4-15 Alt＋椭圆选框工具

（3）单行/单列选框工具用于在被编辑的图像中或在单独的图层中选出 1 像素宽的横行区域或竖行区域，如图 4-16 和图 4-17 所示。

图 4-16 单行选框工具

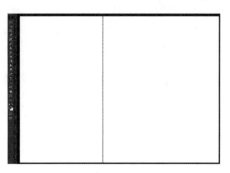

图 4-17 单列选框工具

在工具箱中选定工具后,相应的工具选项栏的选项参数也会随之改变。以矩形选框工具的选项栏为例,如图 4-18 所示。

①　②　③　④

图 4-18　矩形选框工具的选项栏

(1) 选区的基本运算。

① 新选区:拖曳后原选区取消,建立新的选区。

② 添加到选区:在原选区的基础上添加新的选区,即取两次选区的和,按住 Shift 键用选框工具进行操作也可以达到此效果。

③ 从选区中减去:在原选区的基础上删除新选区,即两次选区的差,按住 Alt 键用选框工具进行操作也可以达到此效果。

④ 与选区交叉:选择原选区和新选区交叉重叠的部分作为最终的选区,也可以按住 Shift+Alt 组合键用选框工具进行操作达到此效果。

(2) 设置羽化值:该选项通过设置羽化值来设定选区边界的羽化程度,值越大,选区边缘就越模糊,选区的边框就越圆润,如图 4-19～图 4-21 所示。

图 4-19　羽化值为 0

图 4-20　羽化值为 50

图 4-21　羽化值为 100

图 4-22　"样式"下拉列表的
具体选项

(3) 消除锯齿:用于是否清除选区边缘的锯齿,选中此项后,选区的边缘看起来会更加柔和。该选项只有在选择"椭圆选框工具"时才可用。

(4) 样式:用于选择类型,它和后面的宽度、高度是一起使用的,如图 4-22 所示。

固定大小:输入宽度值和高度值后,拖曳鼠标可以绘制指定大小的选区。例如,将宽度值设置为 40 像素,高度值设置为 64 像素,就可以绘制一个矩形。

4.1.2　套索工具组

如果需要编辑的图像是不规则的图形,那么使用选框工具就无效了,这时可以利用套索工具组来实现。它将以手绘的方式绘出不规则形状的选区,其边界是一条虚线,对于虚线以外的内容不能进行任何操作,对于虚线以内的选区可以进行任意操作,如编辑、移动、效果处理等。套索工具组提供了3种套索工具,包括套索工具、多边形套索工具和磁性套索工具如图4-23所示,选择任意一种套索工具后,都会出现相应的选项栏。

图4-23　套索工具组

1. 套索工具

套索工具可以在图像中或某一个单独的层中,以自由手控的方式选择不规则的选区。使用"套索工具"时,可通过按住鼠标拖曳图像,随着鼠标的移动可以形成任意形状的选区,松开鼠标后就会自动形成封闭的选区,如图4-24和图4-25所示。

图4-24　"套索工具"选择的过程　　　　图4-25　"套索工具"选择的结果

2. 多边形套索工具

多边形套索工具可产生直线形的多边形选区。方法是单击形成选区起点,移动鼠标,在合适的位置,再次单击,两个击点之间就会形成一条直线,以此类推。当终点和起点重合时,就会形成一个完整的选区,如图4-26和图4-27所示。虽然多边形套索工具两点之间是一条直线,但如果增加击点,总体上也会有曲线的效果。

图4-26　"多边形套索工具"选择的过程　　　　图4-27　"多边形套索工具"选择的结果

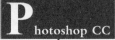

"套索工具"和"多边形套索工具"的选项栏基本上和"矩形选框工具"的选项栏一致,如图 4-28 所示。

图 4-28 "多边形套索工具"的选项栏

选择方式选项和在"矩形选框工具"的选项栏中的作用一样;"羽化"选项用于设定选区边缘的羽化程度;"消除锯齿"选项用于清除选区边缘的锯齿。

3. 磁性套索工具

磁性套索工具是一种具有可识别边缘的套索工具,使用时可以自动分辨图像边缘并自动吸附,比前两种更加简便,如图 4-29 和图 4-30 所示。

图 4-29 磁性套索工具选择的过程

图 4-30 磁性套索工具选择的结果

"磁性套索工具"的选项栏如图 4-31 所示。

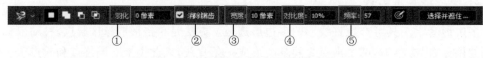

图 4-31 "磁性套索工具"的选项栏

① 羽化:用于设定选区边界的羽化程度,与其他选框工具的用法相同。

② 消除锯齿:用于设置是否清除选区边缘的锯齿,保证选区边缘的平滑。

③ 宽度:用来定义磁性套索工具检索的距离范围,其范围是 1~40 像素,默认为 10 像素。当移动鼠标时,磁性套索工具只会寻找 10 像素之内的物体边缘。数值越小,寻找的范围越小,也就越精确。

④ 对比度:用来定义"磁性套索工具"对边缘的敏感程度,范围是 1%~100%。输入的数字越大,磁性套索工具只能检索那些和背景对比度大的物体边缘;反之,输入的数字越小,就可以检索低对比度的边缘。

⑤ 频率:用来控制磁性套索工具生成固定点的多少,范围是 1~100。频率越高,越能更快、更准确地固定所选择的边缘。

在使用磁性套索工具时,沿着图像边缘拖曳鼠标,会自动增加固定的点;也可以单击鼠标手动加入固定点。如果想取消前一个生成的点,只要按 Delete 键即可。若要结束当前的选区,可双击鼠标或按 Enter 键,则终点和起点会自动连接在一起,形成一个封闭的区域。

2l

4.1.3　魔棒和快速选择工具

1. 魔棒工具

魔棒工具以图像中相同或相近的色素来建立选区范围,如图 4-32 所示。当使用"魔棒工具"单击图像中的某个点时,附近与它颜色相同或相近的区域,便自动进入选区内。该工具适用于选择颜色和色调比较单一的图像区域,常常用于去掉背景色等操作中,如图 4-33～图 4-35 所示。

图 4-32　魔棒工具

图 4-33　用魔棒工具

图 4-34　右击,选择

图 4-35　完成选择"狐狸"

"魔棒工具"的选项栏如图 4-36 所示。

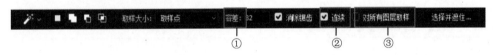

图 4-36　"魔棒工具"的选项栏

① 容差:用于设置选择的颜色范围,取值范围是 0～255。输入的数值越大,表示可允许相邻像素间的近似程度越大;反之,数值越小,魔棒工具所选的范围就越小。

② 连续:选中该复选框只选择颜色相同或相似的连续图像,取消选中时可在当前图层中选择颜色相同或相似的所有图像。

③ 对所有图层取样:当图像含有多个图层时,选中该复选框表示对图像中所有图层起作用;否则,只对当前图层起作用。

2. 快速选择工具

快速选择工具是 Photoshop CC 新增的更为方便的选择工具,可以为不规则形状的对象快速准确地建立选区,而无须手动跟踪对象的边缘。

快速选择工具是利用可调整的圆形画笔笔尖快速绘制选区的。在拖曳鼠标绘制选区时,选区会向外扩展并自动查找和跟随图像中定义的边缘,如图 4-37 和图 4-38 所示。

图 4-37　快速选择工具选择的过程

图 4-38　快速选择工具选择的结果

"快速选择工具"的选项栏如图 4-39 所示。

图 4-39　"快速选择工具"的选项栏

① 画笔：单击选项栏中的"画笔"选项右侧的下三角按钮，可以打开"画笔"弹出式调板，在其中可以设置画笔的直径、硬度、间距等参数。

② 对所有图层取样：用于选择是否从所有可见图层中选择颜色。

③ 自动增强：用于选择是否减少选区边界的粗糙程度。选中此复选框，再选后面的"调整边缘"选项才可用，这时可以进一步调整选区边缘，这样用户就可以完全控制选择区域。

4.2　钢笔工具的使用

钢笔工具是用来创建路径的工具，创建路径后，还可再编辑。钢笔工具属于矢量绘图工具，其优点是可以勾画平滑的曲线，在缩放或变形之后仍能保持平滑效果。用钢笔工具画出来的矢量图形称为路径，路径是矢量的，它可以是不封闭的开放状态，如果把起点与终点重合绘制就可以得到封闭的路径。

4.2.1　钢笔工具组

1. 钢笔工具

钢笔工具用于绘制具有最高精度的图像。钢笔工具是创建路径的最佳选择对象，使用它可以创建直线路径、曲线路径、折线路径等形态。钢笔工具组如图 4-40 所示。在 Photoshop CC 中把终点没有连接起始点的路径称为开放式路径，将终点连接了起始点的路径称为封闭路径。

图 4-40　钢笔工具组

钢笔工具的创建方法很简单,只须在图像窗口中多次单击,即可创建直线段;按住鼠标左键不放并拖曳,可以绘制曲线段;当鼠标移动到起始点时,"钢笔工具"指针右下角会出现一个小圆圈,在起始点位置单击便可封闭路径;按住 Shift 键,可以绘制水平、垂直或倾斜45°角的标准直线路径。

当点位置创建不正确时,按 Delete 键可以删除。连续按两次 Delete 键,可以删除整个路径。"钢笔工具"的选项栏如图 4-41 所示。

图 4-41 "钢笔工具"的选项栏

注:① 该组按钮用于设置所绘制的图形样式类型,从上到下依次是"形状"按钮、"路径"按钮和"像素"按钮。

② 选择该组任意按钮,可以设置所绘制的路径图形之间的运算方式。从左到右依次是"添加到路径区域"按钮、"从路径区域减去"按钮、"交叉路径区域"按钮和"重叠路径区域除外"按钮。

③ "自动添加/删除"复选框。选中该复选框,在使用钢笔工具时会自动显示增加或删除锚点光标图示,便于用户进行操作。

2. 自由钢笔工具

自由钢笔工具用于像使用钢笔在纸上绘图一样来绘制路径。自由钢笔工具可以创建随意路径或沿着物体的轮廓创建路径。

选择"自由钢笔工具"选项,然后在图像窗口中拖曳鼠标,鼠标经过的地方会生成路径和锚点。在拖曳过程中,可以随意单击定位锚点,双击或按 Enter 键便可结束路径的绘制。

在"自由钢笔工具"的选项栏(如图 4-42 所示)中,选中"磁性的"复选框,可以使自由钢笔自动跟踪图像中的物体边缘自动形成路径,其余选项与"钢笔工具"相同。

图 4-42 "自由钢笔工具"的选项栏

4.2.2 路径选择工具组

1. 路径选择工具

使用路径选择工具可以选择和移动整个路径。选择工具箱中的"路径选择"选项,将鼠标光标移动到路径上单击即可选中整个路径。

如果要想同时选择多条路径,可以在选择时按住 Shift 键不放,或在图像文件窗口中单击并拖曳鼠标,通过框选选择所需要的路径。

2. 直接选择工具

使用直接选择工具,不仅可以调整整个路径位置,还可以对路径中的部分锚点和线段进行选择和调整,被选中的锚点以实心方点显示,未选中的锚点则以空心方点显示。

要想调整锚点位置,只需选择"直接选择工具"选项,然后在需要操作的锚点上单击并拖曳鼠标,移动其至所需位置,然后释放鼠标即可;同时,也可以对选中的锚点和线段进行缩放、旋转等变形操作。

4.3 选区运算

在大多数情况下,一次创建选区可能很难达到满意的效果,因此需要进行多次选择。此时,可以使用选择选区相加、选区相减或选区相交功能,选区运算框如图 4-43 所示。

4.3.1 选区相加

选区相加是在已建立的选区基础上,再加入其他的选择范围。首先要在工具箱中选择一种选框工具(规则选框工具、魔棒工具和3 种套索工具等)。

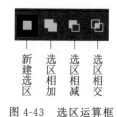

图 4-43 选区运算框

例如,用矩形选框工具选择一个矩形选区,然后在其选项栏中按"添加到选区 ▣"图标,再用此工具拖曳一个矩形选区。此时所用工具的右下角会再现一个"+"号,松开左键后,所得的结果是两个选区的并集,即此处创建的选区将添加到原选区,还可以在此基础上继续添加选区,如图 4-44 和图 4-45 所示。

图 4-44 选区相加的过程

图 4-45 选区相加的结果

4.3.2 选区相减

选区相减是指从图像的现有选区中减去一部分,要利用选区相减的图标。首先要在工具箱中选择一种选框工具(规则选框工具、魔棒工具和 3 种套索工具等)。

例如,用"矩形选框工具"选择一个矩形选区,然后,在其选项栏中按"从选区减去 ▣"图标,再用此工具拖曳一个矩形选区。此时所用工具的右下角会再现一个"-"号,松开左键后得到的结果是两个选区相减,即此处创建的选区与原选区重叠的部分将被删除,如图 4-46 和图 4-47 所示。

图 4-46 选区相减的过程　　　　　图 4-47 选区相减的结果

4.3.3 选区相交

选区相交是将新的选区与原来的选区重叠的部分保留作为最终的选择区域,此时可以利用与选区交叉的图标实现。例如,用"矩形选框工具"绘制矩形选区,然后按"与选区交叉📷"图标,再绘制一个矩形选区,此时所用工具的右下角会再现一个"×"号,松开鼠标后所得的结果是两个选区相重叠的部分,如图 4-48 和图 4-49 所示。

图 4-48 选区相交的过程　　　　　图 4-49 选区相交的结果

4.4 选区的调整

视频讲解

4.4.1 移动选区及选区内容

1. 移动选区

移动选区在确定选区后,在选项栏中选择"新选区"选项,然后将鼠标定位在选区边界处,当鼠标指针变为心状,表明可以移动该选区。在进行选区移动操作时,还可以进行以下的精确控制。

（1）在拖曳鼠标的同时,按住 Shift 键不放,可以将选区的方向限制为 45°的倍数。

（2）可以使用键盘上的方向键,以 1 像素的增量移动选区。

（3）可以同时使用 Shift+方向键组合键,以 10 像素的增量移动选区。

2. 移动选区内容

移动选区内容可以使用移动工具来移动层中选定区域到指定位置,指定位置可以是同一个文件,也可以是不同的文件。

操作方法:框选出所需的图像,然后用移动工具按住鼠标左键不放,将所选择的区域往指定区域拖曳,如图 4-50 和图 4-51 所示。

图 4-50　选择选区　　　　　　　　　　　　图 4-51　移动选区

图 4-52　移动选区的选项框

注:① 表示"自动选择图层"选项用于自动选择光标所在的图层。
② 表示"显示变换控件"用于对选取的对象进行各种变换(如旋转、改变大小等)。
③ 表示图层排列和分布方式。

4.4.2　修改选区

1. 全选

通过"选择"→"全部"选项可以将整个图像画面作为选区,也可以通过按 Ctrl＋A 组合键的方式来实现。

2. 取消选择

如果选择不当或无须再选择图像时,须取消选区,则可以通过快捷菜单的方式(右击,在弹出的快捷菜单中选择"取消选择"选项;或通过按 Ctrl＋D 组合键执行此命令;还可以通过"选择"→"取消选择"选项)取消,如图 4-53 所示。

3. 重新选择

取消选区后,如果执行"选择"→"重新选择"选项,可以重新恢复前一次取消的选择区域;也可以通过按 Ctrl＋Shift＋D 组合键来实现。

图 4-53 取消选择的方法

4. 描边选区

描边在图片处理过程中经常会用到,它可以用当前的前景色描绘选区的边缘。方法是在确定选区后,选择"编辑"→"描边"选项,如图 4-54 和图 4-55 所示。

图 4-54 描边选区的过程

"描边"对话框,如图 4-56 所示。

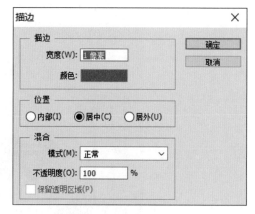

图 4-55　描边选区的结果　　　　　　　　　图 4-56　"描边"对话框

(1) 宽度:设置描边的宽度,其取值范围是 1~250 像素的整数值。

(2) 颜色:单击右侧的颜色方框可以打开"拾色器"对话框,设置描边的颜色。

(3) 位置:用于选择描边的位置。内部表示对选区边框以内进行描边;居中表示以选区边框为中心进行描边;居外表示对选区边框以外进行描边。

(4) 模式:设置描边的混合模式。

(5) 不透明度:设置描边的不透明度。

(6) 保留透明区域:选中该复选框后再进行描边时,将不影响原来图层中的透明区域。

5. 进一步修改选区

(1) 边界:可对选区加一个边界,宽度可在弹出的对话框中设置。

(2) 平滑:可以使选区的边缘更加柔和。

(3) 扩展:可扩大选区。

(4) 收缩:可减小选区;同样,扩大或缩小的范围都可以在弹出的对话框中设定。

(5) 羽化:可以柔和选区轮廓周围的像素区域,在使用选框工具、套索工具等创建选区时,可以在其工具选项栏中直接输入羽化值。羽化选区后并不能直接通过选区查看图像的效果,需要对选区内的图像进行移动、填充、删除等编辑后才能看到图像边缘的羽化效果。

4.4.3　变换选区

选区创建以后,还可以对选区进行缩放和旋转的变换,选区内的图像将保持不变。

方法是选择"选择"→"变换选区"选项,这时,在选区的四周会再现一个带有控制点的变换框。拖曳控制点可以对选区进行移动、缩放、旋转等操作,如图 4-57 所示。

完成选区的变换后，按 Enter 键即可确定变换，按 Esc 键则可取消变换，恢复至原来的状态，如图 4-58 所示。

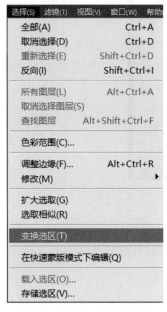

图 4-57 变换选区的过程   图 4-58 变换选区的结果

4.4.4 反向

反向用于选择图像中除选区以外的其他图像部分，有的图像不选择的区域比选择的区域更方便选择，这时就可以通过选择"选择反向"选项选取图像，如图 4-59～图 4-61 所示。

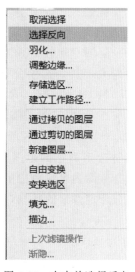

图 4-59 选择选区   图 4-60 右击并选择反向

图 4-61　反选选区的结果

要反向选择选区,有以下 3 种方法。

(1) 通过快捷菜单:右击鼠标,在弹出的快捷菜单中选择"选择反向"选项。

(2) 按 Shift+Ctrl+I 组合键。

(3) 选择"选择"→"反向"选项。

4.4.5　色彩范围

色彩范围与魔棒工具的作用类似,但其功能更为强大,可以选取图像中某一颜色区域内的图像或整个图像内指定的颜色区域。

使用方式:选择"选择"→"色彩范围"选项,弹出"色彩范围"对话框,如图 4-62 所示。

(1) 单击"选择"下拉列表框,可选择所需要的颜色范围,其中"取样颜色"选项表示可用吸管指针在图像或预览区域上进行吸取颜色,取样后可通过调节"颜色容差"选项的值来控制颜色范围,数值越大,选取的颜色范围越大。其余选项分别表示选取固定颜色值红色、黄色、绿色、青色、蓝色、洋红色等颜色和高光、中间调、阴影等颜色范围。

(2) 调节"颜色容差"滑块或输入一个数值来调整选定颜色的范围。颜色容差可以控制选择范围内色彩范围的广度,并增加或减少部分选定像素的数量(选区预览中的灰

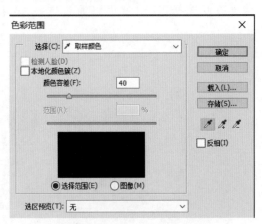

图 4-62　"色彩范围"对话框

色区域)。设置较低的颜色容差值可以限制色彩范围,设置较高的颜色容差值可以增大色彩范围,扩展选区。

(3) 选中"选择范围"单选按钮,在预览窗口内将以灰度显示选取范围的预览形式。白色区域是选定的像素,黑色区域是未选定的像素,而灰色区域是部分选定的像素。

（4）选中"图像"单选按钮，可预览整个图像。

4.4.6　扩大选取

扩大选取可以查找并选择与当前选区中的像素色相近的像素，从而扩大选择区域，使用步骤如下所述。

（1）在 Photoshop CC 中按 Ctrl＋O 组合键，打开素材图像。

（2）在工具箱中选择"矩形选框工具"，然后在图像编辑窗口中创建一个矩形选区。在菜单栏中选择"选择"→"扩大选取"选项，可以快速地将图片中像素色相近的区域扩大。

执行上述操作后，即可扩大选区范围，将像素颜色相近的区域全部选中，如图 4-63～图 4-65 所示。

图 4-63　选择选区

图 4-64　选择"扩大选取"

图 4-65　扩大选取的结果

4.5　填充工具组

在 Photoshop CC 中创建选区后,可以使用填充工具或菜单对图像的画面或选区进行填充,如图 4-66 所示。

图 4-66　填充工具组

4.5.1　油漆桶工具

油漆桶工具可根据像素颜色的近似程度填充颜色,可以是前景色和连续的图案,如图 4-67 所示,但油漆桶工具不能用于位图模式的图像。

图 4-67　"油漆桶工具"的选项框

(1) 填充:有两个选项,"前景"选项表示在图中填充的是工具箱中的前景色;"图案"选项表示在图中填充的是连续的图案。当选择"图案"选项时,在后面的图案弹出式调板中可以选择不同的填充图案。

(2) 模式:在其下拉列表框中可选择填充的着色模式。

(3) 不透明度:用于设置填充内容的不透明度。

(4) 容差:输入填充的容差,范围是 0~255。数字越大,则填充的范围越大。

(5) 消除锯齿:选中此复选框,可以平滑填充选区的边缘。

(6) 连续的:选中此复选框,仅填充与所单击像素邻近的像素;不选中此复选框则填充图像中的所有相似像素。

(7) 所有图层:选中此复选框,基于所有可见图层来进行填充。

4.5.2　渐变工具

使用渐变工具可以实现多种颜色间的逐渐混合填充,不仅可以从预设渐变填充中选取,还可以创建自定义的渐变颜色。

使用方法：拖曳鼠标，形成一条直线，直线的长度和方向决定了渐变填充的区域和方向。选中工具箱中的渐变工具。"渐变工具"选项框和"渐变编辑器"对话框如图4-68所示。

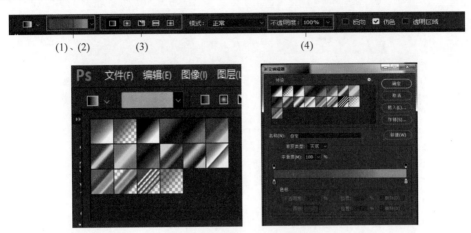

(1)、(2) (3) (4)

图4-68 "渐变工具"选项框和"渐变编辑器"对话框

1. 渐变工具的选项栏

(1) 单击"渐变方案"右侧的下三角按钮，将出现"渐变方案"弹出式调板，从中可以选择需要渐变的方案，也可以自定义渐变色。

(2) "颜色方案"选项框，可以打开"渐变编辑器"窗口。在该窗口中，可以选择一种渐变色作为编辑的基础，当在"渐变效果预视条"中调节任何一个项目后，"名称"文本框自动变成自定义状态，可以在这里输入自己设定的名称。

(3) "渐变类型"下拉列表框包括"实底"和"杂色"两个选项。"实底"选项是对均匀渐变的过渡色进行设置；"杂色"选项是对粗糙的渐变过渡色进行设置。

(4) "不透明度"滑块用于设置渐变颜色的不透明度。设置方法：在"渐变效果预视条"上选择"不透明度色标"滑块，然后通过"渐变编辑器"窗口中的"不透明度"文本框中设置其位置颜色的不透明度。

2. 渐变模式

在选项栏中有以下5种渐变模式，选中相应的渐变模式单选按钮，可以切换不同的渐变。

(1) 线性渐变：以直线形式从起点渐变到终点，如图4-69所示。

(2) 径向渐变：以起点为圆心，以终点为半径，由内而外呈圆形渐变，如图4-70所示。

图4-69 线性渐变

(3) 角度渐变：围绕起点以逆时针扫描方式渐变，如图4-71所示。

(4) 对称渐变：以起点为对称位置，在其两侧同时进行均衡的线性渐变，如图4-72所示。

(5) 菱形渐变：以起点为菱形的中心，以起点到终点为对角线径，由内向外以菱形方式渐变，如图4-73所示。

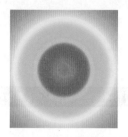

图 4-70　径向渐变

图 4-71　角度渐变

图 4-72　对称渐变

图 4-73　菱形渐变

◎ 基础案例展示

　　根据上面基础知识设计一个 App 注册界面,其基本要求是掌握选区工具组、钢笔工具组以及填充工具组的使用方法,需要准备的素材是两张风景图,制作过程如下所述。

　　(1) 打开一张风景图作为背景,然后选择"图层"→"新建"→"图层"选项,新建一个图层,如图 4-74 和图 4-75 所示。

图 4-74　打开背景图

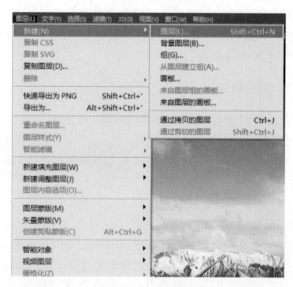

图 4-75　新建图层

（2）选择"矩形选框工具"选项，在画布顶部制作一个选区，然后选择"油漆桶工具"选项，在选区内涂上颜色，如图 4-76 和图 4-77 所示。

图 4-76　制作选区

图 4-77　选区涂色

（3）重复步骤（1）和步骤（2），制作注册界面的标题。具体步骤：新建图层→矩形选框工具→油漆桶工具，涂上颜色→单击"文字工具"选项→输入"手机注册"→按 Ctrl＋T 组合键，调整文字的大小，如图 4-78 和图 4-79 所示。

图 4-78　制作选区

图 4-79　输入文字

(4) 新建图层,然后选择"矩形选框工具"选项,设置"羽化"值为 20,画在画布正中央。接下来可以仍然用油漆桶工具把选区涂上颜色,还可以利用选区与路径之间的互相转换来达到同样的效果。具体步骤:右击选区,选择"建立工作路径"选项,将"容差"值设为 0.5,单击"确定"按钮。选择右下角工作区的"路径"→"描边路径"选项,打开"描边路径"对话框,单击"工具"下三角按钮,选择"画笔"选项,单击"确定"按钮。再选择"路径"→"填充路径"选项,打开"填充路径"对话框,选择"画笔"选项,单击"确定"按钮。右击"路径"选项,选择"删除路径"选项,如图 4-80 至图 4-89 所示。

图 4-80　制作选区

图 4-81　选区变路径

图 4-82　"建立工作路径"对话框

图 4-83　路径完成

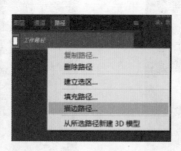

图 4-84　描边路径

图 4-85　"描边路径"对话框

图 4-86 填充路径

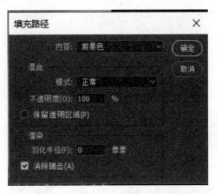

图 4-87 "填充路径"对话框

图 4-88 完成填充

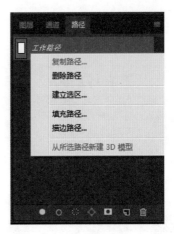

图 4-89 删除路径

（5）新建图层,选择以上两种方法的一种制作按钮和填写框(最好制作每一个框之前都新建一个图层,这样方便调整框的位置)。用文字工具将注册界面的文字写上,并且通过按Ctrl+T 组合键调整文字大小和位置,最后复制填写框图层并调整位置。至此,整个手机App 注册界面制作完成,如图 4-90～图 4-93 所示。

（6）最后,为了使界面效果更真实,须将背景虚化。具体步骤:选择"滤镜"→"模糊"→"高斯模糊"选项,打开"高斯模糊"对话框,将参数设置为 6.2,查看最终效果,如图 4-94～图 4-96 所示。

图 4-90　制作按钮和填写框

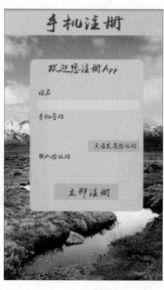

图 4-91　填写文字

图 4-92　复制图层

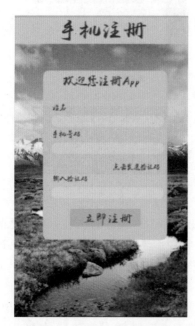

图 4-93　初步完成界面制作

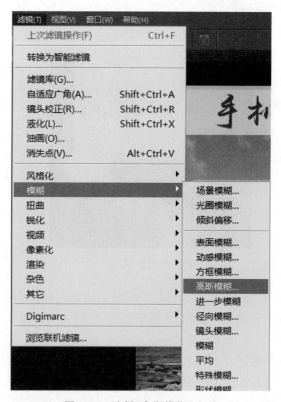

图 4-94　选择"高斯模糊"选项

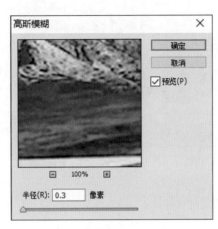

图 4-95　"高斯模糊"对话框

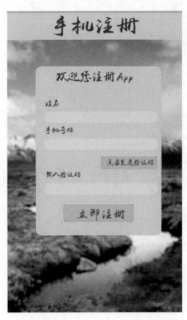

图 4-96　手机 App 注册界面的最终效果

创新任务设计

在综合运用本章基础知识的基础上,设计手机 App 的登录界面。

要求：利用本章学习的工具,自主选择颜色和风格。

第**5**章

移动UI的色彩与风格设计

📖 **本章学习目标**

- ◄ 熟练掌握 UI 设计色彩基础知识；
- ◄ 能够进行色彩分析并在实践中加以应用；
- ◄ 熟练使用 Photoshop 中图像调整功能。

5.1 移动 UI 的色彩

5.1.1 色彩的三要素

1. 色相

色相是指各类色彩的相貌称谓，由原色、间色和复色构成，是区别各种不同色彩的最准确的标准，如红、黄、蓝、绿、青等都代表一种具体的色相。在 0°～360° 的标准色环上，按位置度量色相，色相环图如图 5-1 所示。

因色相的差别而形成的色彩对比叫色相对比。以色相环为依据，颜色在色相环上的距离远近决定了色相的强弱对比。距离越远，色相对比越强烈；距离越近，色相对比越弱。如图 5-2 所示。

色相对比一般包括对比色对比、互补色对比、同类色对比和邻近色对比。对比色对比就是在色相环中，夹角相距 120°～180° 的颜色形成的对比，其对比效果明显。常见的对比色搭配主要包括：红与绿、蓝与橙、黄与紫等。互补色对比是最强烈、最鲜明的，如黑白对比就是互补色对比。同类色对比是最弱的对比，因为它是距离最小的色相，属于模糊难分的色相，这样的色相对比，色相感显得单纯、柔和、谐调，如图 5-3 所示。邻近色则是色相环中相距

90°或相隔五六个数位的两色,如红色与黄橙色、蓝色与黄绿色等,邻近色对比的色相感要比同类色相对比更加明显,也更丰富和活泼,可弥补同类色相对比的不足,但少了统一和谐调,如图5-4所示。

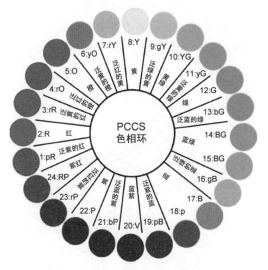

图 5-1 色相环图

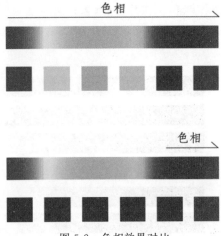

图 5-2 色相效果对比

图 5-3 同类色对比案例

图 5-4 邻近色对比案例

2. 饱和度

饱和度是指色彩的强度或纯净程度,可定义为彩度除以明度,与彩度一样,用于表征彩色偏离同亮度灰色的程度,也称为彩度、纯度、艳度或色度。饱和度表示色相中灰色分量所

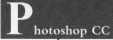

占的比例,使用从(灰度)至100%的百分比度量。饱和度取决于该色中含色成分和消色成分(灰色)的比例。含色成分越大,饱和度越大;消色成分越大,饱和度越小。当饱和度降低为0时,则会变成一个灰色图像,增加饱和度会增加其彩度,如图5-5所示。

不同饱和度的色彩对比会产生不同的视觉效果。饱和度相近的颜色对比,画面视觉效果比较弱,形象清晰度较低,适合长时间及近距离的观看;饱和度中等对比是最和谐的,画面效果丰富,主次分明,含蓄;饱和度强对比使画面对比鲜艳,富有生气,色彩认知度也较高,如图5-6所示。

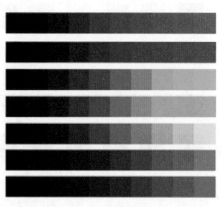

图 5-5　饱和度

图 5-6　饱和度设计应用

3. 明度

明度是眼睛对光源和物体表面的明暗程度的感觉。简单地说,明度可以理解为颜色的亮度,有时也可称为亮度或深浅度。在无色彩中,最高明度为白色,最低明度为黑色。在有色彩中,任何一种色彩中都有一个明度特征。不同色相的明度也不同,如黄色比蓝色的明度高,紫色为明度最低的色。任何一种色相加入白色,都会提高明度;任何一种色相加入黑色,都会降低明度,如图5-7所示。

明度对比是色彩的明暗程度的对比,有时也称为黑白度对比。明度差别的大小决定着色彩对比的强弱。明度差别越大,对比越强;明度差别越小,对比越弱。明度对比是色彩构成的最重要的因素,色彩的层次与空间关系主要依靠色彩的明度对比来表现。

明度对比越强的色彩越具有刺激性,也是最明快清晰的;明度对比处于中等的色彩相对于明度对比强的色彩来说,刺激性相对小些,所以通常用在服装设计、室内装饰和装潢包装上;而处于最低等的明度对比刺激性则更小,大多应用在柔美和含蓄的设计中,如图5-8所示。

图 5-7　明度

图 5-8　明度设计应用

5.1.2　色彩应用规律

色彩应用规律是指在使用色彩时应该遵循的一些规律。例如,重要对象应使用红色等醒目的颜色,微信未读消息则是用红色圆点提醒,如图 5-9 所示;在显示屏同一帧内同时出现的颜色种类一般少于 4 种,不然会使人眼疲劳;颜色选取时应符合人们的使用习惯,如地图中的蓝色是海洋、绿色是草地等;一个系统各色彩的含义应该保持统一;前景色和背景色也要协调搭配。

图 5-9　微信未读消息

5.1.3　色彩与生活

人们的生活离不开色彩。色彩能够丰富人们的情感和内心世界,同人的物质生活、精神生活紧密相连。有了色彩,人们的生活也因此变得更加丰富和美好。

1. 色彩的冷暖

暖色是能令人感到温暖的颜色,反之称为冷色。红色使人感到温暖,想象的是太阳或火等使之充满能量和热情的东西;反之,蓝色能令人联想到海洋或天空,让人保持理性。消费类移动应用如淘宝,如图 5-10 所示,为了表达热情和使用户充满购买欲,采用的是暖色。

黑色应用,在以前不少理论认为它不适合用于移动应用图形用户界面,但事实上,如果巧妙地运用黑色,也能够提升用户的使用体验,如图 5-11 所示。

图 5-10　淘宝界面

图 5-11　黑色界面

图 5-12 所示是一款天气类 App,白天和黑夜使用一暖一冷色突出了时间的变化,也使整个 App 界面更加人性化。

2. 色彩的轻重

黑色和白色属于中性色,不易分出冷暖,但有明显的轻重之分。一般而言,明度不强的色彩都属于重色彩,明度强的色彩都属于轻色彩。

3. 色彩的软硬

色彩的软硬主要取决于色彩的明度与纯度。明度高、纯度低的色彩令人感到柔软,明度低、纯度高的色彩令人感到坚硬。这款情侣类App明度高、纯度低,给人幸福甜蜜的感觉,而粉色又恰好是最能代表这种心情的颜色,如图5-13所示。

图5-12 某款天气类App界面   图5-13 "小恩爱"界面

色彩的明快和忧郁也与色相、明度、纯度有关。暖色、鲜艳和明度与纯度高的颜色使人更加充满轻快感,冷色、深沉和明度与纯度低的颜色则会使人有忧郁感。而冷色、明度与纯度低的颜色更理性;暖色、明度与纯度高的颜色更感性;配色对比大的色具有兴奋感,对比小的色具有沉静感。

豆瓣FM的应用界面如图5-14所示。浅绿色给人一种清新愉快的感觉,让人感觉像是在一种放松的环境下进行的。

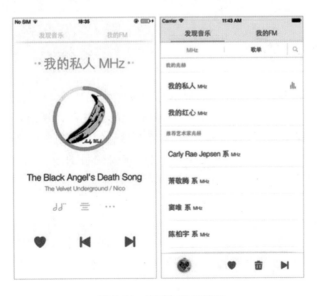

图5-14 "豆瓣FM"界面

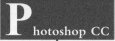

4. 色彩的质感

色彩的质感是物体通过表面呈现的,因材料材质和几何尺寸给人带来视觉和触觉上的感官,从而使人对这个物体产生感官判断。在长期的积累过程中,人脑已经对各种色彩和材料有了固定的判断,所以移动应用也可以借此色彩来表达某种质感。

某记事 App 界面如图 5-15 所示。该 App 的背景采用了棕黄色和特定的纹路显示出了木板的质感。这种背景的使用,都能给用户在使用记事本和阅读时带来良好的体验。

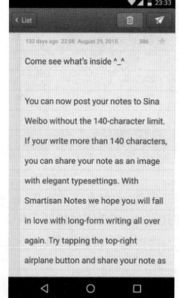

图 5-15　充满质感的记事 App 界面

5.1.4　色彩的设计

色彩的设计就是颜色的搭配。自然界的色彩现象绚丽多变,而色彩设计的配色方案同样千变万化。当人们用眼睛观察自身所处的环境,色彩首先闯入视线,产生各种各样的视觉效果,带给人不同的视觉体会,直接影响着人的美感认知、情绪波动乃至生活状态、工作效率。一个好的 UI 设计并不是为了美轮美奂,它最重要的目的还是交互和信息的传达。只有保证了信息的流通和交互的顺畅,UI 才有其存在的价值。部分色卡如图 5-16 所示。

1. 选择主色和强调色

主色是对主题基调的一个确定,目的是为了给人们一种什么样的感觉。强调色是想让人们看到的东西是什么,也就是重点。如图 5-17 所示的谷歌界面主色调是黑色,给人一种沉稳、静谧的感觉。而强调色则是它想要突出的酒店、食物和娱乐,分别由绿色、蓝色和红色的圆圈圈出,也代表了每种颜色表达的含义。

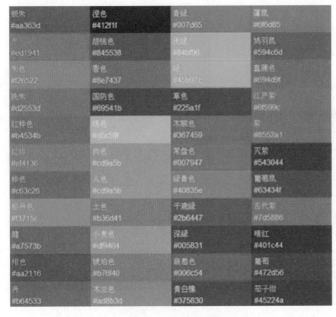

图 5-16　部分色卡

图 5-17　"谷歌"界面

2. 对整体的把握和细节的调整

背景调整了透明度就有了玻璃的质感,字体颜色和透明度也在细节处进行了把握,字体像是刻在玻璃上一样。用横竖线将界面分隔成若干区域,使整体界面一目了然、干净整洁。

5.1.5　移动 UI 常用的配色方案

如果想使自己设计的作品充满生机、稳健、冷清或温暖等感觉,则选择合适的色彩搭配尤为重要。那么怎样才能够控制好整体色调呢?只有控制好构成整体色调的色相、明度、纯度关系和面积关系等,才能控制好设计的整体色调。下面介绍 5 种常见的配色方案。

1. 单色搭配

单色搭配指由一种色相的不同明度组成的搭配,这种搭配很好地体现了明暗的层次感。某单色搭配 App 界面如图 5-18 所示。

2. 近似色搭配

近似色搭配指相邻的 2～3 个颜色相互搭配。某近似色搭配 App 界面如图 5-19 所示。这种搭配让人赏心悦目,低饱和度在视觉上较和谐。

3. 补色搭配

补色搭配指色环中相对的两个色相搭配。如果两种颜色混合在一起产生中性色,则称

图 5-18　某单色搭配 App 界面　　　　　　　图 5-19　某近似色搭配 App 界面

这两种颜色互为补色。在设计中,补色是指两种颜色混合后会产生白色的颜色。补色对比强烈,传达的是能量、积极、兴奋、活力等,补色搭配中最好让一个颜色多,一个颜色少。某补色搭配 App 界面如图 5-20 所示。

4. 分裂补色搭配

同时用补色和类比色的方法确定颜色关系,就称为分裂补色。这种搭配既有类比色的低对比度,又有补色的力量感,形成一种既和谐又有重点的颜色关系。某分裂补色 App 界面 App 界面如图 5-21 所示。

 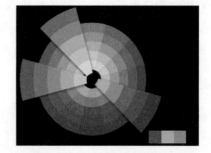

图 5-20　某补色搭配 App 界面　　　　　　　图 5-21　某分裂补色 App 界面

5. 原色的搭配

原色的搭配色彩明快,如蓝色和红色搭配,百事可乐的 Logo 色与主色调红色、蓝色搭配等。某原色的搭配 App 界面如图 5-22 所示。

图 5-22 某原色搭配 App 界面

5.2 手动调整移动 UI 图像的色彩

Photoshop CC 提供了多个可以手动调色的功能,如"色阶""曲线""色彩平衡""亮度/对比度""阴影/高光""匹配颜色"等。通过这些命令,可以精确地控制画面的变化,以达到理想的画面效果。

5.2.1 色阶

视频讲解

色阶是用来调整图像的明暗程度。选择"图像"→"调整"→"色阶"选项,会弹出"色阶"对话框,如图 5-23 所示。

单击"通道"下拉三角按钮,在其下拉列表框中选择需要调整的颜色通道,RGB 颜色模式的图像包含 RGB、红、绿和蓝 4 个选项;CMYK 颜色模式的图像包含 CMYK、青色、洋红、黄色和黑色 5 个选项,如图 5-24 所示。

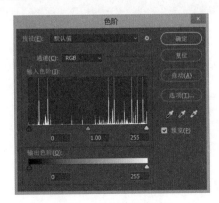

图 5-23 "色阶"对话框

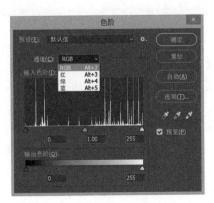

图 5-24 "通道"下拉列表框

图像的色阶图用于表明图像中像素色调分布,根据图像中每个亮度值(0～255)处的像素点的多少进行区分。

"输入色阶"显示的就是图片当前状态下的数值。下方的 3 个文本框分别用来设置暗调、中间调和高光区域的输入色阶。通过如图 5-25 所示的修改数值或拖曳预览图下方的滑块,可以调整图像的亮度和对比度。图 5-26 和图 5-27 所示为向右拖动黑色滑块前后图像效果对比。

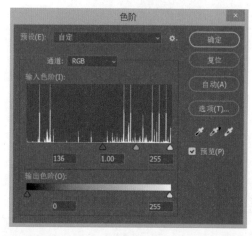

图 5-25 "色阶"对话框调整亮度和对比度

图 5-26 原始图片

图 5-27 调整后图片

输出色阶的主要作用是通过设置输出色阶,定义新的暗调和亮调高光值。在它左右两侧分别有一个数值输入框,与前面的"输入色阶"一样,它既可以用鼠标拖曳又可以直接输入数值。

向左移动"输出色阶"的白色滑块,会使图像色彩的中间调逐渐变暗;向右移动"输出色阶"的黑色滑块,会使图像中间的色彩逐渐变亮,如图 5-28 所示。图 5-29 和图 5-30 所示为向右移动黑色滑块前后的图像效果对比。

在"色阶"对话框中,单击"自动"按钮将执行等量的色阶调整,是将最暗的像素点定义为黑色,将最亮的像素点定义为白色,按比例分配中间色的像素数值。

图 5-28 "色阶"对话框调输出色阶

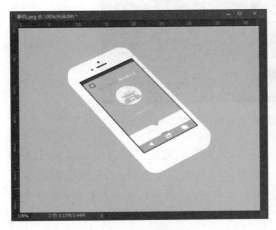

图 5-29 原始图片

图 5-30 调整后图片

在"色阶"对话框中单击"选项"按钮,打开"自动颜色校正选项"对话框,可重新设置参数,如图 5-31 所示。

图 5-31 "自动颜色校正选项"对话框

视频讲解

5.2.2　曲线

"曲线"命令可以调整单个通道或全部通道的亮度与对比度,也可以调整图像的颜色,以达到理想的画面效果。选择"图像"→"调整"→"曲线"命令,会弹出"曲线"对话框,如图 5-32 所示。

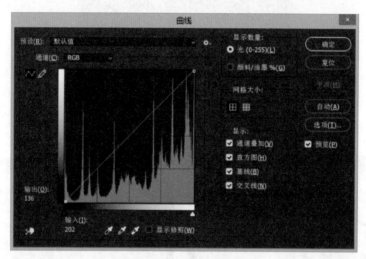

图 5-32　"曲线"对话框

在"曲线"对话框中,用曲线直观表达图像颜色的色调色阶数值。图表中的横轴代表的是图像原有亮度值,相当于色阶中的输入色阶;纵轴代表新的亮度值,相当于色阶中的输出色阶。对角线用来显示"当前"和"输入"数值之间的关系,在未对曲线进行调整时,所有像素都有相同的"输入"和"输出"数值。

"曲线"对话框中增添了预设功能。通过预设功能能够快速地对图像进行色彩的调整,预设功能包含彩色负片、反冲、较暗、增强对比度、较亮、线性对比度、中对比度、负片和强对比度,这些都是针对 RGB 模式下的预设,如图 5-33 所示。

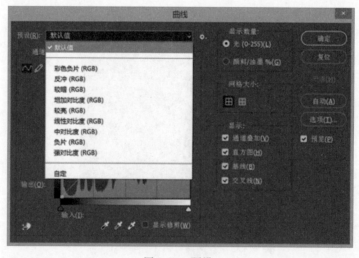

图 5-33　预设

在"曲线"对话框中有一个铅笔的图标,可以用鼠标在图中直接绘制曲线,如图5-34所示。如果有需要,也可以单击"平滑"按钮来平滑所画的曲线。

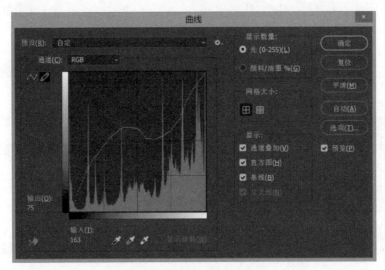

图5-34 铅笔直接绘制曲线

5.2.3 色彩平衡调整

通过对图像的色彩平衡处理,可以校正图像色偏过饱和或饱和度不足的情况,也可以根据自己的喜好和制作需要,调制需要的色彩,更好地完成画面效果。

有一张需要调节色彩平衡的照片如图5-35所示。选择"图像"→"调整"→"色彩平衡"选项,可以打开"色彩平衡"对话框,如图5-36所示。

图5-35 原始图片

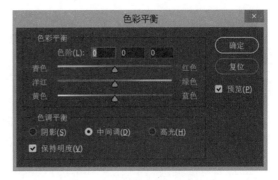

图5-36 "色彩平衡"对话框

"色阶"后面的数值中输入数值即可调整RGB三原色到CMYK色彩模式之间对应的色彩变化,其取值的范围是−100～+100。将对话框中的"△"滑块拖向要在图像中增加的颜色或将滑块拖离要在图像中减少的颜色。在对话框下部的"色调平衡"选项组中有

"阴影""中间调"和"高光"这3个单选按钮,可以更改色调范围,同时选中"保持明度"复选框以防止图像的亮度值随颜色的更改而更改。"色彩平衡"选项可以保持图像的色调平衡,调整图片偏色情况。经过"色彩平衡"(如图 5-37 所示)调整后的照片如图 5-38 所示。

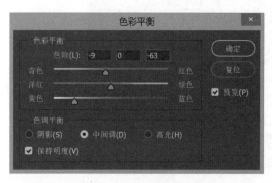

图 5-37　"色彩平衡"对话框

图 5-38　调整后的图片

当然也可以选择"图层"→"新建调整图层"→"色彩平衡"选项,在"新建图层"中单击"确定"按钮,对图像进行调整。

5.2.4　亮度/对比度

亮度/对比度命令可以用来调整图像明暗度、对比度。选择"图像"→"调整"→"亮度/对比度"选项,会弹出"亮度/对比度"对话框,如图 5-39 所示。"亮度"可以对图像的色调范围进行简单的调整,将亮度滑块 △ 向右拖曳可增强亮度和对比度,向左拖曳可降低亮度和对比度。滑块值右边的数值反映亮度或对比度值。值的"亮度"范围是 $-150 \sim +150$,而"对比度"范围是 $-50 \sim +100$,从而可以加大或减弱图像对比度。"亮度/对比度"与"色阶""曲线"等命令的调整类似,都是按照比例调整图像像素。

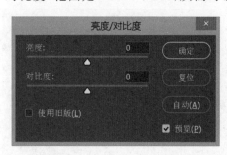

图 5-39　"亮度/对比度"对话框

当选中对话框左下角"使用旧版"复选框时,在调整亮度时只是简单地增大或减小所有像素值。这样往往会导致丢失高光或暗部区域中的图像细节。因此,建议最好不要在使用旧版模式中使用亮度/对比度。

亮度/对比度功能用于对曝光不足的图像(图 5-40)进行调整(图 5-41),调整后的效果如图 5-42 所示。

同样地,也可以选择"图层"→"新建调整图层"→"亮度/对比度"选项,在"新建图层"对话框中单击"确定"按钮,对图像进行调整。

图 5-40　原始图片　　　　图 5-41　调整亮度/对比度　　　　图 5-42　调整后的图片

5.2.5　色相/饱和度

　　色相/饱和度命令用于调整图像中单独颜色成分的色相、饱和度和明度,也可以同时调整图像中的所有颜色。

　　选择"图像"→"调整"→"色相/饱和度"选项,会弹出如图 5-43 所示的"色相/饱和度"对话框。

　　通过"色相""饱和度""明度"滑块对图像进行相应的调整,将"色相▲"滑块向右拖曳,颜色按色轮顺时针旋转;向左拖曳,颜色按色轮逆时针旋转,在对话框数值框中体现数值。滑块数值范围为$-180\sim+180$,而饱和度和明度范围为$-100\sim+100$。饱和度值越高色彩越饱和,反之越弱。明度值越高图像越亮,反之越暗。

　　"色相/饱和度"对话框的下部有两条色带,上面的色带显示的是图像未调整前的颜色,下面的色带显示的是全色相在饱和状态调整后的效果。调整图像的"色相/饱和度"首先要从"编辑"下拉列表框中进行编辑,如图 5-44 所示。可以对单独颜色成分或全图(所有颜色)进行颜色调整。

图 5-43　"色相/饱和度"对话框　　　　图 5-44　"色相/饱和度"对话框中"预设"下拉列表框

选中"色相/饱和度"对话框右下角"着色"复选框时,图像将被转换成与当前"前景色"相同的颜色,但是图像的明度不变,通过调整图像的色相、饱和度和明度,能为图像(RGB)添加丰富的色彩。

5.2.6 曝光度

"曝光度"用来调整图像的色调也就是用来调节图片的光感强弱。选择"图像"→"调整"→"曝光度"选项,弹出"曝光度"对话框,如图 5-45 所示。

"曝光度"对话框中"曝光度"滑块主要调整亮度;位移滑块主要调整暗部和使中间调变暗;"灰度系数校正"滑块主要调整中间色。对话框右下角的三个吸管分别为"在图像中取样以设置黑场""在图像中取样以设置灰场""在图像中取样以设置白场"。将曝光不足的图片,如图 5-46 所示,经过在"曝光度"对话框进行调整,设置如图 5-47 所示,得到如图 5-48 所示的效果。

图 5-45 "曝光度"对话框

图 5-46 原始图片

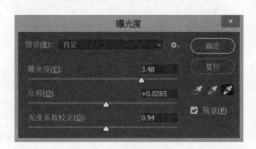

图 5-47 设置"曝光度"

图 5-48 调整后的图片

5.3 自动调整移动 UI 图像的色彩

5.3.1 去色

运用去色功能可以使图像快速转化成灰度图像，将图像的色彩饱和度和色相全部消除，即能够快速将图片黑白化，制作出具有黑白效果的图像，结合众多图像调整命令，可以使图像散发出不一样的魅力。选择"图像"→"调整"→"去色"选项，图像调整前后对比如图 5-49 和图 5-50 所示。

图 5-49 原始图片

图 5-50 去色后的图片

5.3.2 反相

运用反相功能可以将图像中的颜色反转，即将某个颜色换成它的补色，一幅图像上有很多颜色，每个颜色都转成各自的补色，相当于将这幅图像的色相旋转了 180°，原来黑的此时变白，原来绿的此时变红。在处理过程中，可以使图像与负片相互转化。选择"图像"→"调整"→"反相"选项，图像调整前后对比如图 5-51 和图 5-52 所示。

图 5-51 原始图片

图 5-52 调整后的图片

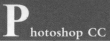

5.4　特效调整移动 UI 图像的色彩

5.4.1　匹配颜色

运用匹配颜色功能处理 RGB 模式的图片时,可以将不同的图像或同一图像的不同图层之间的颜色进行匹配,也可以将一个图像(源图像)的颜色与另一个图像(目标图像)的颜色匹配。

下面通过一个具体的例子详细说明匹配颜色功能的使用方法。

(1) 打开两张素材图像,向日葵如图 5-53 所示,雪景如图 5-54 所示。

图 5-53　向日葵　　　　　　　　　　　　　　图 5-54　雪景

(2) 选择"图像"→"调整"→"匹配颜色"选项,弹出"匹配颜色"对话框,如图 5-55 所示。

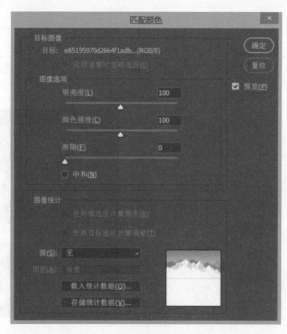

图 5-55　"匹配颜色"对话框

（3）单击对话框下方的"源"的下三角按钮,在弹出的下拉列表框中选择"雪山.jpg",如图 5-56 所示。

（4）调整对话框的"明亮度""颜色强度""渐隐"等选项,然后单击"确定"按钮,调整后的效果如图 5-57 所示。

图 5-56 "源"下拉列表框

图 5-57 替换后的图片

5.4.2 替换颜色

运用替换颜色功能可以在保留图像纹理和阴影的情况下,给图片上色。通过选定区域的颜色容差,进行选择,颜色容差越大可选的范围就越大,在色板或其他图像中选取颜色进行替换操作如图 5-58,效果如图 5-59 所示。

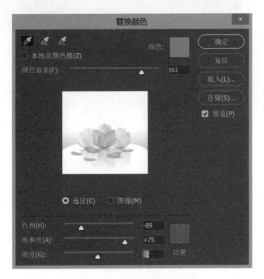

图 5-58 "替换颜色"对话框

图 5-59 替换后的图片

5.4.3 通道混合

运用通道混合器功能可以调整某一个通道中的颜色成分。选择"图像"→"调整"→"通道混合器"选项,弹出"通道混合器"对话框,如图 5-60 所示。

输出通道：可以选取要在其中混合一个或多个源通道的通道。

"通道混合器"对话框中的源（颜色）通道即为当前可调节的颜色通道。在"源通道"选项组中，拖曳滑块可以减少或增加源通道在输出通道中所占的百分比或在文本框中直接输入−200～+200的数值。调节"源通道"选项组中相应的滑块，使滑块向左移动，"源通道"选项组中相应的颜色在输出通道中所占的比例相应下降；反之上升。调节"常数"（该选项可以将一个不透明的通道添加到输出通道，若为负值则视其为黑通道，若为正值则视其为白通道）滑块对图像的亮度做相应的调整。调节过程如图 5-61 所示，得到的效果对比如图 5-62 和图 5-63 所示。

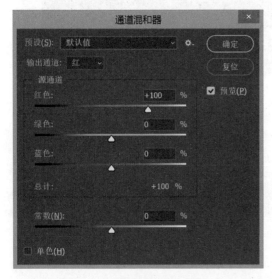

图 5-60 "通道混合器"对话框

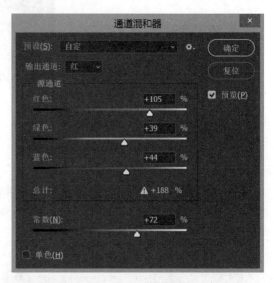

图 5-61 调节源通道

图 5-62 原始图片

图 5-63 调整后的图片

通过选中对话框左下角的"单色"复选框，可以将图像在颜色模式不变的前提下转化成灰度图像，也可以通过调节各通道实现灰度色阶的调节，如图 5-64 和图 5-65 所示。

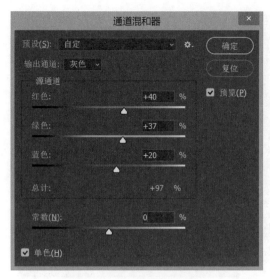

图 5-64 转化成灰度图像

图 5-65 转化后的图片

5.4.4 渐变映射

渐变映射是作用于其下图层的一种调整控制,即将不同亮度映射到不同的颜色上。使用渐变映射工具可以应用渐变重新调整图像,应用于原始图像的灰度细节,加入所选的颜色。选择"图像"→"调整"→"渐变映射"选项,弹出"渐变映射"对话框,如图 5-66 所示。

运用渐变编辑器功能如图 5-67 和图 5-68 所示,可以将待调整的图片用多色渐变填充到相应的图片中,出现不同的画面效果,对比情况如图 5-69 和图 5-70 所示。

图 5-66 "渐变映射"对话框

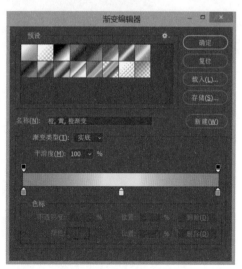

图 5-67 "渐变编辑器"对话框 1

单击"渐变映射"对话框中"反向"按钮,能对渐变填充的效果做反向处理,如图 5-71 所示,效果如图 5-72 所示。

图 5-68　"渐变编辑器"对话框 2

图 5-69　调整后的图片 1

图 5-70　调整后的图片 2

图 5-71　反向渐变映射

图 5-72　反向后的图片

选中"仿色"复选框可以对待调整的图像加入随机颜色平滑渐变映射填充效果的外观。

5.4.5 照片滤镜

运用照片滤镜功能可以对因环境光影响偏色的现象进行调整。照片滤镜有三大功能：校正色彩偏差；还原照片的真实色彩；渲染氛围。

打开偏色照片如图 5-73 所示。选择"图像"→"调整"→"照片滤镜"选项，弹出"照片滤镜"对话框，如图 5-74 所示。因原图像在冷色光的照射下明显偏蓝色，通过单击"滤镜"右侧的下拉三角按钮，在下拉列表框中选择"加温滤镜（85）"选项，如图 5-75 所示。再继续调整对话框下部的浓度值（浓度值越大，效果越强烈），最终效果如图 5-76 所示。

图 5-73 原始图片

图 5-74 "照片滤镜"对话框

图 5-75 调整滤镜和浓度

图 5-76 调整后的图像

◎ 基础案例展示

本例制作一个 App 的引导页如图 5-77 所示。此款 App 名叫"顺路宝",其具有"顺路代劳"的功能。所以此 App 的引导页也是告诉用户在什么情况下使用此款 App。红色背景是暖色调,代表着速度热情,而中间的小人姿态也很好地和下面的一串字相呼应。基本制作过程如下:

(1) 打开 Photoshop,创建一个 720px×1080px 的长方形,并将此图层命名为"背景",使用油漆桶工具将其填充为♯fe3e32 的背景色,如图 5-78 所示。

(3) 新建图层,使用圆形工具,在图中适当位置加上圆形并将其填充为白色,如图 5-79 所示。

(3) 导入事先找好的卡通小人,调整大小位置,如图 5-80 所示。

(4) 将 Logo 和文字调整至合适位置,如图 5-81 所示。

图 5-77　成品

图 5-78　主色填充

图 5-79　画圆

图 5-80　添加卡通小人

图 5-81　调整 Logo 和文字

创新任务设计

在综合运用本章基础知识的基础上,制作微信朋友圈图标并进行色彩分析。最终效果如图 5-82 所示。

图 5-82　朋友圈图标

第 **6** 章

移动UI的文字设计

📖 **本章学习目标**

➥ 了解 UI 文字设计基础；
➥ 了解 Android 和 iOS 的字体异同；
➥ 熟练掌握 UI 的文字设计及排版。

6.1 文字设计理论

无论做网页还是 App 设计，文字内容都十分重要。因此，理解字体与排版对 UI 设计来说非常关键，需要始终把内容的可读性放在首位去考虑和权衡。

6.1.1 字体基础术语

了解字体设计的基础术语非常重要，这些术语在介绍字体设计的相关文章中经常出现。例如，x-height（X 字高）指的是从字母的基准线开始往上到最矮字母顶端的距离，X 字高的比例相对大就能增加易读性，如图 6-1 所示。

6.1.2 两种设备中的字体

1. Android 的字体

在 Android 中，英文字体使用 Roboto，如图 6-2 所示；中文字体使用 Noto（思源黑体），如图 6-3 所示。以前的设计中，中文字体主要使用微软雅黑，但微软雅黑在界面中显得过

升部
字间距
升部线
大写线
中央线
大写字高
x字高
HeOxhp
基线
降部线
行距
降部
Gxbd

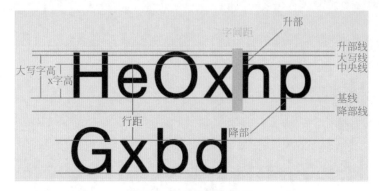

图 6-1　字体的基础认识

于厚重。谷歌公司联合 Adobe 发布了思源黑体作为 Android 的默认中文字体，新的思源黑体不仅更易于在屏幕的阅读，还拥有 7 个字重，充分满足了设计的需求。

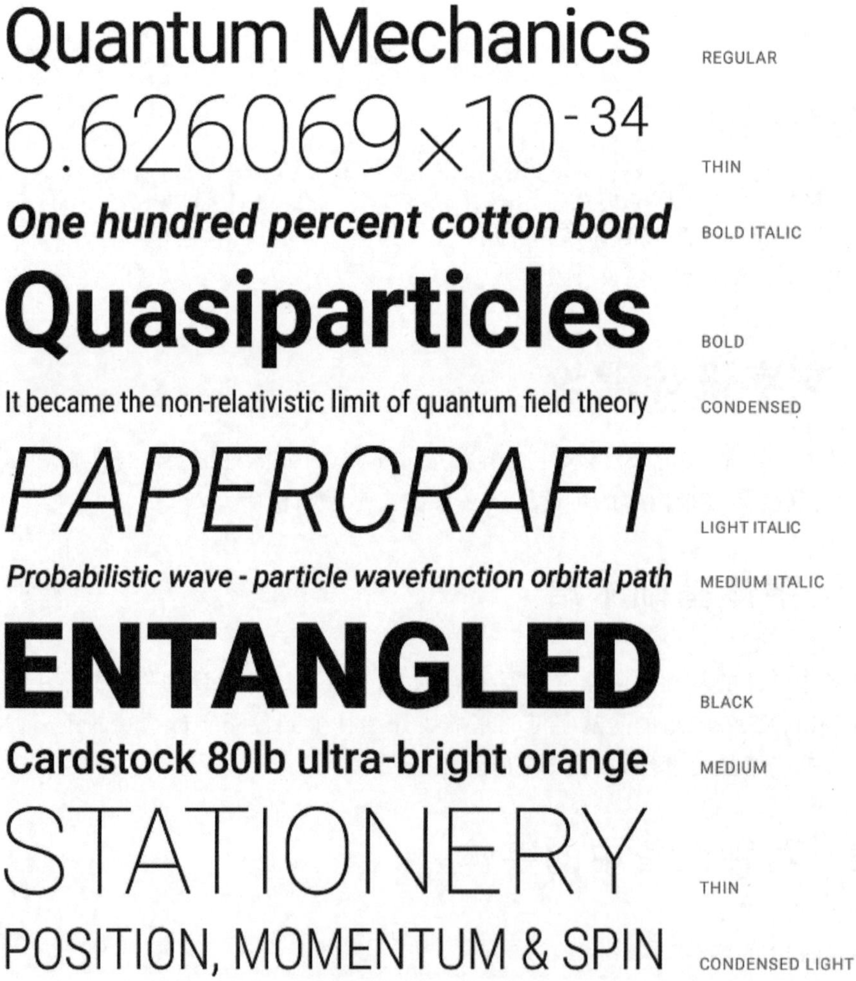

Quantum Mechanics
REGULAR
6.626069×10-34
THIN
One hundred percent cotton bond
BOLD ITALIC
Quasiparticles
BOLD
It became the non-relativistic limit of quantum field theory
CONDENSED
PAPERCRAFT
LIGHT ITALIC
Probabilistic wave - particle wavefunction orbital path
MEDIUM ITALIC
ENTANGLED
BLACK
Cardstock 80lb ultra-bright orange
MEDIUM
STATIONERY
THIN
POSITION, MOMENTUM & SPIN
CONDENSED LIGHT

图 6-2　Roboto 有 6 个字重(图片来自谷歌公司官网)

话 话 话 话 话 **话** 话   中文简体

吴 吴 **吴** 吴 **吴** **吴** 吴   中文繁体

あ あ **あ** あ **あ** **あ** あ   日文

한 한 **한** 한 **한** **한** 한   韩文

图 6-3   Noto 有 7 个字重(图片来自谷歌公司官网)

2. iOS 的字体

在英文方面,苹果公司加入了新的字体 San Francisco,如图 6-4 所示。该字族包含了两个字体:为 iOS 和 OS X 设计的 SF 以及为 Watch OS 设计的 SF Compact,而各自分别为 Text 和 Display,前者有 6 个字重,后者有 9 个(多了 3 个斜体)字重。San Francisco 有两类尺寸:文本模式(SF UI Text)和展示模式(SF UI Display)。文本模式适用于小于 20 点的尺寸,展示模式则适用于大于 20 点的尺寸。当在 App 中使用 San Francisco 时,iOS 会自动在适当的时机在文本模式和展示模式中切换。

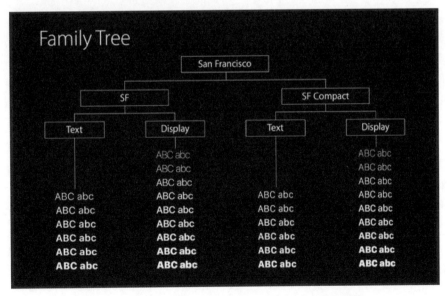

图 6-4   iOS 英文字体 San Francisco 展示(图片来自网络)

在中文方面,iOS 带来了全新的"苹方",如图 6-5 所示,字形更加优美,且在屏幕的显示也更加清晰易读,拥有 6 个字重,满足日常的设计和阅读需求。因此,在设计稿中,用"苹方"比较好。

字体	中文字重名称	英文字重名称	font-weight
苹方	极细体	UltraLight	100
苹方	纤细体	Thin	200
苹方	细体	Light	300
苹方	常规体	Regular	400
苹方	中黑体	Medium	500
苹方	中粗体	Semibold	600
无	粗体	Bold	700

图 6-5　iOS中文字体"苹方"展示(图片来自网络)

注意：如果使用如 Sketch 或 Photoshop 的工具进行设计，那么当设置的字号大于或等于 20 点时，需要切换到展示模式。iOS 会根据字号大小为 San Francisco 自动调整字间距。

现在的互联网，不仅是拼资源，也在拼速度，快速迭代产品是现在互联网的一大特点。所以，设计的快速迭代也必须紧跟产品步伐。很多公司都是两个客户端同时进行，而设计资源并不是很充足，只有一人设计的小公司比比皆是。所以在设计 App 时，既要设计 iOS 端，也要设计安卓端，那怎么解决呢，通常只出 iOS 版就好了，其他的微调就行。

6.1.3　文字的大小规范

文字的大小规范，关系着整个 App 界面的统一性、协调性。在 Android 开发中，字号使用的单位是 px；在 iOS 开发中，字号使用的单位是 pt。

1. Android

同时使用过多的字体尺寸和样式会毁掉布局。字体排版的缩放是包含了有限个字体尺寸的集合，并且它们能够很好地适应布局结构。最基本的样式集合就是基于字号为 12、14、16、20 和 34 的字体排版缩放。

这些尺寸和样式在经典应用场合中让内容密度和阅读舒适度取得平衡。字体尺寸是通过可缩放像素数指定的，让大尺寸字体获得更好的接受度。

在一款 App 中，想要整体界面统一，就必须统一字体、字号，设定字体可参考图 6-6 所示的字体规范，字号使用可参考图 6-7 所示的字号使用规则。

2. iOS

iOS 的系统字体是 San Francisco。该字体有两个变种：SF UI Text（用于 19pt 及以下大小的文本）和 SF UI Display（用于 20pt 及以上大小的文本）。当在标签和其他界面元素应用了系统字体时，iOS 系统会根据字号自动选择最合适的字体样式。它还会根据需要自

Display 4	# Light 112sp
Display 3	## Regular 56sp
Display 2	Regular 45sp
Display 1	Regular 34sp
Headline	Regular 24 sp
Title	Medium 20sp
Subheading	Regular 16sp(Device),Regular 15sp(Desktop)
Body 2	Medium 14sp(Device),Medium 13sp(Desktop)
Body 1	Regular 14sp(Device),Regular 13sp(Desktop)
Caption	Regular 12sp
Button	MEDIUM (ALL CAPS) 14sp

图 6-6 设计字体规范

22sp	一级标题	我的名片、客源详情带着等入口，强调作用
18sp	导航标题	导航标题
● 16sp	二级标题	房源列表标题、功能入口标题等，常用字号
● 14sp	三级标题	副标题，筛选
● 12sp	辅助、引导文字	更多、标签、注释、日期等文字
10sp	角标	角标文字

图 6-7 字号使用规则

动改变字体,以满足辅助性功能的设置。

在 iOS 中,通常使用的字号大小有 11pt、13pt、15pt、17pt 和 20pt。具体怎么使用并没有限定,但是最小的字号不要小于 11pt。现在的 App 文字都趋向于使用大字号,用户的时间是越来越难获取,怎样在有效的时间内博得用户眼球,大文字标题也逐渐使用在 App 中了。具体设计时可参考如图 6-8 所示的样式来规范自己的字体、字号。

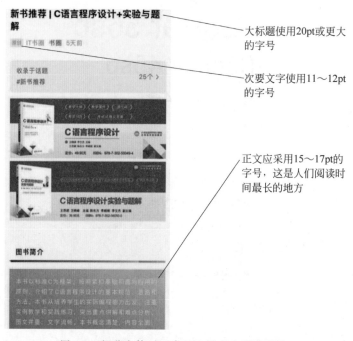

大标题使用20pt或更大的字号

次要文字使用11~12pt的字号

正文应采用15~17pt的字号,这是人们阅读时间最长的地方

图 6-8　规范字体时可参照此样式来规范设计

6.1.4　文字的颜色规范

相同颜色的背景和文字是很难阅读的,带有过强对比度的文本会有炫目感,同样难以阅读。这一点在深色背景下尤其明显。要获得良好的辨识度,文本应当满足一个最低的对比度 4.5∶1(依据明度计算)。7∶1 的对比度是最适合阅读的。这些色彩的组合同样要考虑某些非典型用户对于对比度的不同反应。

图 6-9 所示的内容是 Android 系统中文字常用的色彩划分。以纯黑为基础,根据透明度区分文字的色彩层级。最深的颜色为 Black 87%,建议不要使用纯黑色,纯黑在设计中用得非常少。

通过用透明度区分文字的色彩层级,如果觉得麻烦,完全可以用另一种方式设计文字。在 iOS 中,主要文字颜色为 ♯333333,次要文字颜色为 ♯666666,辅助文字颜色为♯999999,提示性文字或不可用文字颜色为♯CCCCCC。上述两种方法都可以采用,主要是要让文字有色彩层级,易于阅读。注意,最好不要用彩色系文字,即使要用,那也最好是稍微带有彩色的深色文字(如黑色中带一点点蓝紫色),大家可根据自己的需要决定文字的层级。展示型文字还是以非彩色系(黑、白、灰)为主。

Display 4	**Black 54%**
Display 3	Black 54%
Display 2	Black 54%
Display 1	Black 54%
Headline	Black 87%
Title	**Black 87%**
Subheading	Black 87%
Body 2	**Black 87%**
Body 1	Black 87%
Caption	Black 54%
Menu	**Black 87%**
Button	**BLACK 87%**

图 6-9 透明度区分文字的色彩层级

6.1.5 如何让文字在 App 中更有层级

一款 App，文字层级展示是非常重要的，那么如何让 App 文字更有层次感呢？主流的层级方式总结：大小、颜色、加粗。

大小：前面也说过，App 中通常使用的文字根据不同的作用，它的大小是不一样的，如在 Android 中，通常使用的文字大小为 12sp(多用于提示或较弱的层级展示)、14sp(用于展示型文字或辅助型文字)、16sp(用于展示型文字或小标题)、18sp(多用于导航文字或标题)。具体可参考如图 6-10 所示的链家 App 字体使用规范展示。

颜色：用颜色区分 App 文字层级是最常用的一种方式，不仅能体现主次，还能代表点击功能。图 6-11(a)是有颜色区分的，图 6-11(b)中的颜色是相同的。当图中颜色相同时，用户就很难一眼看出重点，不知道界面想表达什么，而图 6-11(b)本来就是提示性说明文字，就需要弱化。

在一款 App 中，通常采用不同的颜色区分可点击的文字和普通展示文字。通常，在朋友圈或 QQ 空间看到可点击的文字都是采用蓝色。注意，在同一界面中可点击的文字的颜色一定要统一。具体可参考图 6-12 所示的"书圈"微信公众号可点击文字与普通文字区分展示。

加粗：文字加粗是区分层级的另外一种方式，常用于标题，不仅能区分上下文层级，还能分区块，让用户快速定位自己需要的频道。具体可参考如图 6-13 所示的"书圈"微信公众号字体加粗使用规范展示。

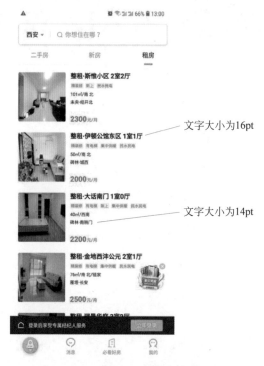

文字大小为16pt

文字大小为14pt

图 6-10　链家 App 字体使用规范展示

(a) iOS设置(颜色有层级)　　　　　　　　(b) iOS设置(颜色相同无层级)

图 6-11　链家 App 颜色使用规范展示

图 6-12 可点击文字与普通文字区分展示　　图 6-13 "书圈"微信公众号字体加粗使用规范展示

6.1.6　字体排版建议

在对字体排版技巧了如指掌之前,首先需要保证能够将内容简单且清晰地展现出来。优秀的文字与排版使看到的人更愿意去阅读,所以最好先关注所设定的字体和排版是否便于阅读,然后再考虑为了美观而改进和修饰。

6.2　为移动 UI 图像添加文字

文字是 UI 设计中一个重要的组成元素,文字使用得好坏会极大地影响产品的用户体验。想象一下用户打开 App,发现界面中的文字都是同一个字体,同样大的字号,连颜色都是一样的。这样的文字搭配用户读起来会很累,费时费力。本节将对 UI 设计中文字的使用做一个简单的介绍和分析。

6.2.1　文字工具的使用

视频讲解

Photoshop 提供了横排"文字工具 T""直排文字工具 ↓T""横排文字蒙版工具 "和"直排文字蒙版工具 "4 种文字工具,用于输入横排和直排的文字及文字形的蒙版。

文字工具的选项栏中主要部分的选项功能介绍如下:

（1）"更改文字方向"按钮 ：单击后可实现文字横排和直排之间的转换。

（2）"设置字体"下拉列表框：可以设置文字的字体。

（3）"字号"下拉列表：可以设置文字的大小。

（4）"设置消除锯齿的方法" 下拉列表：用于设置是否消除文字锯齿的方法，包括"无""锐利""平滑""犀利"和"浑厚"5个选项。

（5）"对齐方式"：可以设置文字的对齐方式，从左到右依次是左对齐、居中对齐和右对齐。当选择"直排文字工具"时，设置文本对齐方式变为 ，依次是顶对齐、居中对齐和底对齐。

（6）"颜色"色块：单击该按钮后，可以打开"选择文本颜色"对话框，从中设置文字的颜色。

（7）"创建变形文字"按钮 ：单击该按钮，可以打开"变形文字"对话框，如图 6-14 所示，在该对话框中可以设置文字的变形模式。

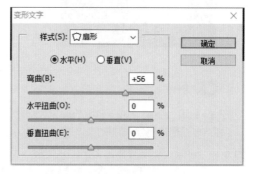

图 6-14　"变形文字"对话框

（8）"显示/隐藏字符和段落调板"按钮 ：单击该按钮后，可以打开或隐藏"字符"和"段落"调板，在"字符"调板中可以设置字符的格式，在"段落"调板中可以设置段落格式，如图 6-15 所示。

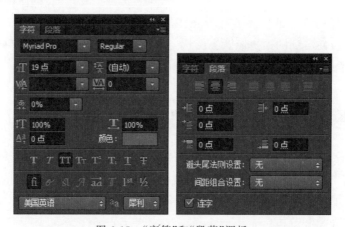

图 6-15　"字符"和"段落"调板

6.2.2　点文字的输入

点文字即少量文字，一般情况下是一个字或一行字符。点文字也可以有多行，与段落文字有所不同的是，点文字不会自动换行，可以通过按 Enter 键进入下一行。

1. 输入横排或直排文字

选择工具箱中的"横排文字工具"或"直排文字工具"，在图像窗口中单击，即可输入文字。下面通过一个简单实例介绍该工具的使用。

【**例 8-1**】 在素材图像"桃花.jpg"图片上输入横排文字,然后调整其字形为"旗帜"。

(1)打开素材图像,选择"横排文字工具",在工具选项栏中设置文字的字体、字号、颜色等参数,然后将光标移动到图像窗口中并单击,在出现的插入点处输入文字,如图 6-16 所示。如果开始新的一行,只需按 Enter 键,然后继续输入文字。

图 6-16 添加文字

(2)输入文字后,可以使用下面的方法之一,确认文字的输入。

方法 1:单击选项栏中的"提交所有当前编辑" ✔ 按钮。

方法 2:按 Enter 键。

方法 3:按 Ctrl+Enter 组合键。

方法 4:选择工具箱中除文字工具以外的任意工具。

(3)还可以改变输入的文字的形状,使它们更美观。首先选择输入的文字,然后在工具栏中单击"创建变形文字" ❚ 按钮,在弹出的"变形文字"对话框中设置一种样式,如设置样式为"旗帜",如图 6-17 所示。

图 6-17 调整字形为"旗帜"

(4)单击"确定"按钮,返回编辑页面,完成操作,效果如图 6-18 所示。

图 6-18 输入文字最终效果

2. **"横排文字蒙版工具"和"直排文字蒙版工具"**

选择工具箱中"横排文字蒙版工具"和"直排文字蒙版工具",在图像窗口单击即可输入文字。下面通过一个简单的实例介绍该工具的使用。

【例8-2】 在图像文件中创建文字选区,并贴入图像效果。

(1) 启动,Photoshop CC 应用程序,打开素材图像文件"玫瑰.jpg"。

(2) 选择工具箱中的"横排文字蒙版工具",并在选择栏中设置文字的字体、字号等参数,然后再单击图像,在单击所在位置上,输入"最美玫瑰",创建文字选区蒙版,

(3) 单击选项栏中"提交所有当前编辑"按钮,确定文字选区,如图6-19所示。

图 6-19 确定文字选区

(4) 选择"路径"调板中"从选区生成工作路径"按钮,使选区转变成为工作路径,这时可以选择"路径选择工具"选中全部或部分路径改变文字的形状、位置或给文字路径进行描边操作,效果如图6-20所示。

图 6-20 改变文字路径的操作

(5) 单击路径调板上"将路径作为选区载入"按钮,将路径转变为选区,如图6-21所示。然后,选择"编辑"→"复制"命令或按 Ctrl+C 组合键复制选区。

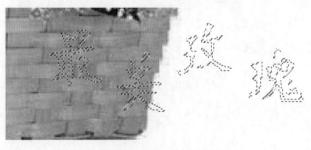

图 6-21 变路径转变为选区

（6）选择"编辑"→"粘贴"命令或按 Ctrl＋V 组合键,将复制的内容粘贴,使用"移动工具"调整图像的位置,效果如图 6-22 所示。

图 6-22　最终效果

6.2.3　段落文字的输入

输入段落文字时,文字基于外框的尺寸自动换行。当想要创建一个或多个段落时,采用这种方式输入文本十分有用。

可以由下列两种方法创建段落文字。

方法 1:选择文字工具并拖曳,松开鼠标后就会创建一个段落文本定界框,如图 6-23 所示。

方法 2:按住 Alt 键的同时单击画面任意位置,弹出"段落文字大小"对话框,如图 6-24 所示。在该对话框中输入宽度和高度,单击"确定"按钮,就会创建一个指定大小的文字框。

图 6-23　段落文本定界框　　　　　　图 6-24　"段落文字大小"对话框

生成的段落文字框有 8 个控制点,可以控制文字框的大小和旋转方向。如果输入的文字超出文字框所能容纳的大小,文字框上将出现溢出图标⊞。这时,把光标移动到文字框控制点上,光标显示为双箭头时,拖曳文字框边界就可以调整文字框的大小了。

也可以旋转文字框,将指针定位在文字框外,当指针变为弯曲的双向箭头时拖曳鼠标。按住 Shift 键拖曳可将旋转限制为按 15°增量进行,如图 6-25 所示。要更改旋转中心,按住 Ctrl 键并将中心点拖曳到新位置。

按住 Ctrl 键的同时,当把鼠标移动到文本框各边框中心控制的控制点上,当指针将变为一个箭头时,拖曳鼠标可使文字框发生倾斜变形,如图 6-26 所示。

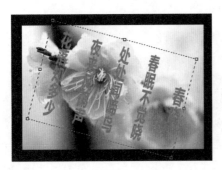

图 6-25　旋转文字框

图 6-26　倾斜文字框

6.2.4　点文字与段落文字转化

判断当前的文字类型是点文字还是段落文字的方法是用文字工具在文字上单击,有文本框显示,表示此文字是段落文字,没有文字框显示,则表示该文字是点文字。图 6-27 中,上面的文字是点文字,下面的文字是段落文字。

图 6-27　判断点文字与段落文字

点文字与段落文字可以相互转换。如果将一个点文字转换为段落文字,首先要在"图层"调板中选中要转换的点文字图层,然后右击,在弹出的快捷菜单中选择"转换为段落文本"命令,或选择"图层"→"文本"→"转换为段落文本"命令。

如果将一个段落文字转换为点文字,首先要在"图层"调板中选中要转换的段落文字图层,然后右击,在弹出的快捷菜单中选择"转换为点文本"命令,或选择"图层"→"文本"→"转换为点文本"命令。

视频讲解

6.2.5　路径文字

文本路径是 Photoshop CC 中的一个非常强大的功能,沿路径输入的文本可以极大地丰富文本的效果,使图像更加美观。

在 Photoshop CC 中可以添加两种文字路径文字,一种是沿路径排列的文字;另一种是路径内部的文字。

1. 沿路径排列的文字

具体操作步骤如下所述。

(1)要想沿路径创建文字,需要先绘制一条路径。

(2)选择"路径选择"工具,选中刚刚绘制的路径,单击"横排文字"工具,将鼠标指针移动到路径上并单击。单击后,路径上会出现一个插入点,插入点从左到右依次有左端控制点×、中间控制点◇、右端控制点○。

（3）输入文字，并且输入的文字将自动沿路径的形状在左端控制点×、中间控制点◇、右端控制点○内进行排列。如果输入文字的长度大于控制点的范围，输入的文字将被隐藏。这时，可以选择"路径选择"工具或"直接选择"工具，将光标移到文字上或右端控制点○上，当鼠标指针变成()形状时，沿路径拖曳鼠标，这时能扩大输入文字的范围，如图 6-28 所示。

（4）调整结束后，重新选择"横排文字工具"，在原来输入的位置单击，继续输入文字。输入完成后，选择输入的文字，可以对文字进行编辑，如字体、字号、字形的设置等，如图 6-29 所示。

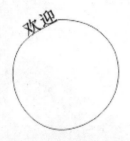

图 6-28　调整输入范围　　　　　　　　图 6-29　输入文字后效果

另外，也可以在输入文字结束后，用"路径选择"工具或"直接选择"工具进行改变原有路径的位置及添加或删除锚点的操作，这时路径上的文字也会随之改变。

值得注意的是，当使用钢笔或直线工具创建路径时，文字将沿着绘制路径的方向排列，当到达路径的末尾时，文字会自动换行。如果从左至右绘制路径，则可以获得正常排列的文字；如果从右到左绘制路径，则会得到反向排列的文字。

2. 在路径上移动或翻转文字

选择"直接选择"工具或"路径选择"工具，并将其定位到文字上或文字插入点附近的×、◇和○这三个控制点上。指针会变为带箭头的 1 形光标()形状。这时，只需单击并沿路径拖曳文字即可。若要将文本翻转到路径的另一边，请单击并要移动文本，横跨路径拖曳文字。

3. 路径内部文字

路径内部区域创建文字是指输入的文字范围只能在封闭路径之内。下面通过一具体的实例详细介绍如何创建路径内部文字。

【例 8-3】　在给定的图片素材内，创建路径内部文字。

（1）打开素材图像"学生.jpg"，在工具箱中选择"自定形状工具" 按钮，然后在其选项栏中单击"路径"按钮，并且在"形状"下拉列表框中，选择一种形状样式，如图 6-30 所示。

（2）用选择的"自定形状"创建一个封闭的路径，如图 6-31 所示。然后从工具箱中选择"横排文字工具"或"直排文字工具"，将鼠标指针移动到路径上，当指针变成()形状时，单击使插入点出现在路径框内。

（3）输入需要的文字资料，文字会自动在封闭的路径中进行排列，输入结束后，还可以对输入的文字进行编辑。最后，在文字框以外单击即可退出输入状态。

图 6-30　设置"自定义形状工具"的选项栏

图 6-31　绘制封闭路径

在封闭路径内的文字,也可以通过"路径选择工具"和"直接选择工具"重新调整路径的形状,路径框内的文字便会自动重新排列。

6.3 设置移动 UI 图像的文字格式

"字符"调板功能主要是为了适应 Photoshop 强大的文本编辑功能而设定的,而且它和段落调板是文本编辑的两个密不可分的工具,字符调板设定单个文字的各种格式,如设置文字的字体、字号、字符间距及文字颜色等。段落调板是设定文字段落或文字与文字之间的相对格式。

6.3.1 文字属性的设置

选择任意一个文字工具,单击选项栏中的"显示/隐藏字符和段落调板" 按钮或执行"窗口"→"字符"命令都可以打开"字符"调板,如图 6-32 所示。通过设置调板选项即可设置文字属性。

"字符"调板的主要选项如下所述。

(1)"字体"选项 黑体 :用于设置字体,在其下拉菜单中可以选择合适的字体。

(2)"字符大小"选项 10.5点 :用于设置文字的大小。

(3)"行距"选项 12点 :用于调整两行文字之间的距离。

(4)"垂直缩放"选项 100% :用于调整文字垂直方向的缩放比例。

图 6-32 "字符"调板

(5)"水平缩放"选项 100% :用于调整文字水平方向的缩放比例。

(6)"比例间距"选项 0% :用于按指定的百分比值减少字符周围的空间。

(7)"字间距"选项 25 :用于调整相邻的两个字符之间的距离。

(8)"字距微调"选项 :用于调整一个字所占横向空间的大小,调整后文字本身的大小不会发生改变。

(9)"基线偏移"选项 0点 :用于调整相对水平线的高低。如果输入一个正数,表示角标是一个上角标,它将出现在一般文字的右上角;如果是负数,则代表下角标。

(10)"文本颜色"选项 颜色: :单击该颜色块可以打开颜色选择窗口。

(11)"字符格式"选项 T T TT Tr T¹ T₁ T T :用于快速更改字符样式。从左到右依次是"仿粗体""仿斜体""全部大写字母""小型大写字母""上标""下标""下画线""删除线",部分文字效果如图 6-33 所示。

welcome to china 正常效果

welcome to china 下画线

~~welcome to china~~ 删除线

WELCOME TO CHINA 全部大写字母

WELCOME TO CHINA 小型大写字母

welcome to ch ^{ina} ——— 上标

welcome to ch _{ina} ——— 下标

图 6-33　部分文字效果

(12)"语言选择"选项 美国英语 ：用于选择国家及语言。

(13)"消除锯齿的方法"选项 浑厚 ：用于选择设置消除锯齿的方式。

6.3.2　段落属性的设置

"段落"调板用于设置段落文本的编排方式,如设置段落文本的对其方式、缩进值等。单击选项栏中的"显示/隐藏字符和段落调板" 按钮,或执行"窗口"→"段落"命令都可以打开"段落"调板,如图 6-34 所示,通过设置选项即可设置段落文本属性。

"段落"调板的主要选项如下所述。

(1)"对齐方式"按钮:从左到右分别为"行左对齐" 按钮、"行居中对齐" 按钮、"行右对齐" 按钮、"段落的最后一行左对齐" 按钮、"段落的最后一行居中" 按钮、"段落的最后一行右对齐" 按钮和"段落的最后一行两端对齐" 按钮,效果如图 6-35 所示。

图 6-34　"段落"调板

(2)"左缩进"选项 0点 ：从段落的左边缩进。

(3)"右缩进"选项 0点 ：从段落的右边缩进。

(4)"首行缩进"选项 0点 ：缩进段落中的首行文字。

(5)"段前距"选项 0点 ：使段落前增加附加空间。

(6)"段后距"选项 0点 ：使段落后增加附加空间。

(7)"避头尾法则设置"选项:避头尾法则指定亚洲文本的换行方式。不能出现在一行的开头或结尾的字符称为避头尾字符。该选项用于设置相应的规则。

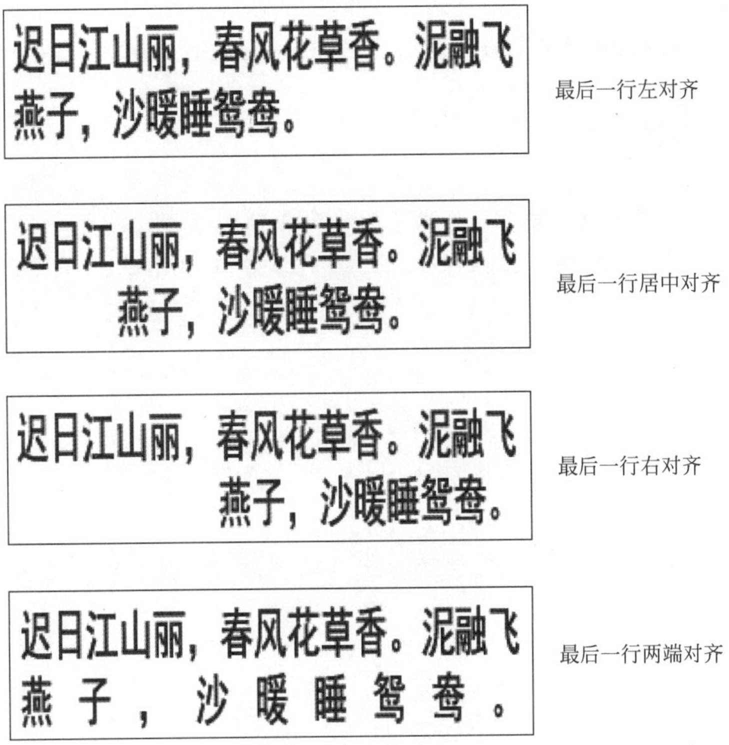

迟日江山丽，春风花草香。泥融飞燕子，沙暖睡鸳鸯。 最后一行左对齐

迟日江山丽，春风花草香。泥融飞燕子，沙暖睡鸳鸯。 最后一行居中对齐

迟日江山丽，春风花草香。泥融飞燕子，沙暖睡鸳鸯。 最后一行右对齐

迟日江山丽，春风花草香。泥融飞燕子， 沙暖睡鸳鸯。 最后一行两端对齐

图 6-35　段落对齐方式效果

（8）"间距组合设置"选项：间距组合为日语字符、罗马字符、标点、特殊字符、行开头、行结尾和数字的间距指定日语文本编排，可从列表中选择预定义间距组合集。

（9）"连字"复选框：用于启用或停用自动连字符连接。

6.3.3　设置文字的方向互换

文字方向分为水平和垂直两种方式，可以根据需要切换文字方向。要改变文字的方向有以下 3 种方法。

（1）选择任意一种文字工具，再单击工具选项栏上的"文本方向"按钮即可。

（2）选择"窗口"→"字符"选项，打开"字符"调板。在"字符"菜单中选择"更改文本方向"选项。

（3）选择"图层"→"文字"→"垂直或水平"选项。

6.3.4　创建变形文字

创建变形文字方法很简单：首先选中要变形的文字，然后选择"图层"→"文字"→"文字变形"选项或单击"文字工具"选项卡中的"创建文字变形"按钮打开"变形文字"对话框，在"样式"下拉列表框中选择一种变形样式即可设置文字的变形效果，如图 6-14 所示。

在选择某种样式之后,还可以对样式进行修改。例如,对文字的弯曲程度、水平扭曲、垂直扭曲的程度,也可以设置变形的方向是水平方向或者是垂直方向等。

创新任务设计

利用各种文字工具设计一份你认为满意的移动 App 界面图。

注意:建议使用文字蒙版工具、变形文字等多种工具,形式不限、内容不限。

第 7 章

移动UI的图像
选择合成及特效处理

📖 **本章学习目标**

➜ 理解图层的概念；

➜ 熟练掌握图层的操作；

➜ 了解图层混合模式；

➜ 熟练掌握图层效果和图层样式的运用；

➜ 熟练掌握使用蒙版编辑移动 UI 图像。

视频讲解

7.1　图层的理解

　　Photoshop 所有的操作都是基于图层进行的，理解图层概念对于后续的学习非常重要。所谓图层，重点在"层"这个字上。"层"就如同写字所用的纸、画画所用到的画布，每个图层就像是玻璃薄片一样，可以从上一图层透明的部分看到下面，通过图层的叠加形成最后的效果。

　　那么为什么要使用图层呢？这个概念来源于动画的创作，通过图层把动画人物、动画背景和其他的元素分离有利于动画师的创作，提高工作效率。在 Photoshop 中，图层之间所进行的操作互不影响。如果对某一个图层不满意，可以删除重做，并不会影响到其他的图层。此外，一些图像合成的特效也是基于图层来实现。

　　图层的概念，如图 7-1 所示。

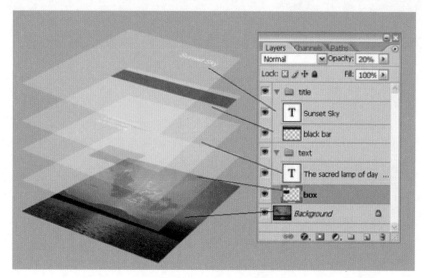

图 7-1　图层的概念

7.1.1　图层面板

图层面板是进行图层编辑操作的基本工具,如图 7-2 所示。首先来看图层面板究竟有哪些功能,图层面板可以通过选择"窗口"→"图层"选项调出,或按 F7 键调出。

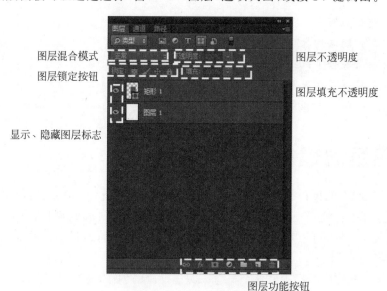

图层混合模式　　　　　　　　　图层不透明度
图层锁定按钮　　　　　　　　　图层填充不透明度

显示、隐藏图层标志

图层功能按钮

图 7-2　图层面板

图层面板显示了当前工程文件的所有图层信息,在该面板上可以调整图层叠放顺序、图层不透明度以及图层混合模式等参数,几乎所有的图层操作都可以通过它来实现。

下面简单介绍图层面板的这些按钮和部件的功能。

1．图层混合模式

图层混合模式就是指一个层与其下图层的色彩叠加方式,在后面的章节会专门对图层混合模式详细地讲解。

2．图层不透明度

图层不透明度,正如本章开头所说的每个图层就像是玻璃薄片一样,图层不透明度用于设置当前图层与下一图层之间的不透明程度,设置范围从 0％～100％。0 代表当前图层完全透明,可以直接看到下一图层。

3．图层锁定按钮

该栏从左到右依次是禁止在透明区域内绘制、禁止编辑该图层、禁止移动该图层、禁止对该图层操作。通过对图层的锁定,可以防止在编辑其他图层时,对锁定图层的误操作。

4．图层填充不透明度

初学者易把图层填充不透明度与图层不透明度的概念混淆。两者相比,图层填充不透明度只应用于图层特定的不透明度填充,而不影响已经应用于图层的任何图层样式的不透明度。当图层没有图层样式时,两者的效果是相同的。

5．显示、隐藏图层标志

通过开启和取消该标志可以实现当前图层的显示和隐藏。

6．图层功能按钮

图层功能按钮位于图层面板下方,由 7 个按钮组成,主要负责对图层的编辑和操作。该栏可以快速对图层进行基本操作,使用频率很高,具体的操作将在后续小节中介绍。

7.1.2 图层的基本操作

Photoshop 的图层操作十分便捷,各种复杂绚丽的效果也要基于操作图层完成。用户可以方便地对图层进行选择、创建、移动堆叠位置、复制及删除等操作。下面将给大家介绍图层的这些基本操作。

1．新建图层

Photoshop 新建图层的方式有很多种,以下是三种建立图层的方法。

方法 1：执行"图层"→"新建"→"图层"命令,在弹出"新建图层"对话框中创建图层,如图 7-3 所示。

方法 2：单击图层面板右上角的"图层面板菜单"按钮新建图层,如图 7-4 所示。

方法 3：使用图层功能按钮中的"创建新图层"按钮快速建立图层,如图 7-5 所示。

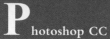

图 7-3　新建图层方法 1

图 7-4　新建图层方法 2

图 7-5　新建图层方法 3

2. 移动图层

首先,在"图层面板"中选中需要移动的图层,如果需要多个图层一起移动可以按住 Ctrl 键加选需要一起移动的图层;然后,在工具箱中选择移动工具,如图 7-6 所示。在图像窗口拖曳鼠标或按方向键即可实现图层的移动。

3. 更改图层名称

为了方便区别图层,对图层进行命名是一个好的习惯。如图 7-7 所示,在"图层面板"的图层名称处双击鼠标,当图层名称反白显示时,即可输入新的名称,实现图层名称的更改。

图 7-6　移动图层的
　　　　移动工具

4. 隐藏、显示图层

如图 7-8 所示,图层面板缩略图前有一个"眼睛"状的按钮,当"眼睛"图标显示时,代表该图层可视,单击取消该图标即隐藏该层。

图 7-7　更改图层名称

图 7-8　隐藏、显示图层

5. 复制图层

方法 1:将图层面板中的图层名称拖曳到图层功能按钮中的"创建新图层"按钮上即可

复制该图层,如图 7-9 所示。

方法2:运用菜单命令也可以实现图层的复制。首先在"图层面板"中选中该图层,然后执行"图层"→"复制图层"命令,或在图层面板的菜单中执行"复制图层"命令,如图 7-10 所示。

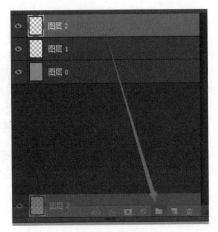

图 7-9　拖曳复制图层　　　　　　　图 7-10　在菜单中复制图层

6. 删除图层

选中要删除的图层,执行"图层"→"删除"→"图层"命令或在"图层面板菜单"中选取删除。另外可以直接选中图层功能按钮中的"删除图层"按钮,如图 7-11 所示。

7. 栅格化图层

在图层中包含矢量数据(如文字图层、形状图层、矢量蒙版或智能对象)和生成数据(如填充图层)

图 7-11　图层功能按钮中删除图层

的图层,不能使用绘画的工具或滤镜对这些图层进行编辑。在图 7-12 中,通过右击选择"栅格化图层"命令可以将其转换为平面的光栅图像,如图 7-13 所示。

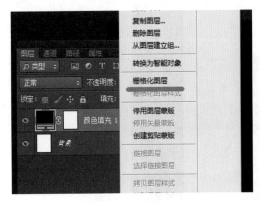

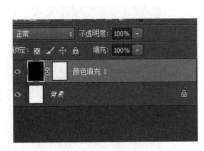

图 7-12　栅格化图层　　　　　　　　图 7-13　光栅图像

8. 调整图层顺序

在图层面板中,图层按产生的先后顺序自动排列。可以通过执行"图层"→"排序"命令或直接拖曳图层到两个图层之间,出现一条粗直线即可实现调整图层的顺序。

9. 链接图层

在"图层面板"中,将图层链接到一起。对其中任意一层的操作对其他层也有同样的效果。选中要链接的图层,可以按住 Ctrl 键加选图层,执行菜单栏"图层"→"选择链接图层"命令或"图层功能按钮"中的"链接图层"即可完成链接图层。

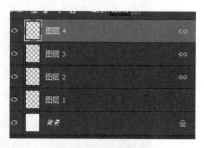

图 7-14 链接的图层

如果图层已经链接,选中被链接的图层时,被链接的图层和当前层的名字后面就会出现链接的标志,如图 7-14 所示,显示该图层与那些图层相互链接。

10. 图层分组

"图层组"是非常实用的图层管理功能,当涉及多个图层时,可以运用图层组对图层分类编制,这样有利于图层的编辑,从而大大地提高工作效率。首先选中要编组的图层,执行"图层"→"新建"→"组"命令或单击"图层功能按钮"中的"创建新组"完成组的建立,如图 7-15 所示。

11. 合并图层

合并图层就是把多个图层合并在一起形成一个新的图层,合并之后,未合并的图层依然存在。如图 7-16 所示,执行"图层"→"合并可见图层"命令或在图层面板菜单中执行"合并可见图层"命令。合并图层有合并可见图层(合并当前可见的状态下的图层,被隐藏的图层将不被合并)、向下合并(把上一个图层和下一个图层合并为一个图层)、合并组(将图层组的所有图层合并成一个图层)、拼合图像(将所有可见的图层合并到背景层)等情况。

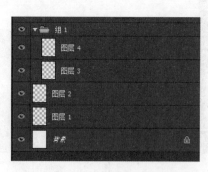

图 7-15 分组的图层

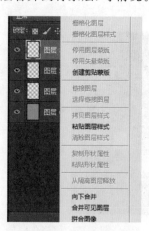

图 7-16 合并图层

7.1.3 常用快捷键

本节介绍了图层的基本概念和图层的基本操作的方法,希望读者能够熟练的理解和掌握,Photoshop里所有的操作都是基于这些基本操作展开的。常用的图层操作的快捷键,如表7-1所示。请结合本节的内容,熟练掌握这些快捷键可以提高工作和创作的效率。

表 7-1　图层操作快捷键

组　合　键	功　　能	组　合　键	功　　能
Ctrl＋Shift＋N	新建图层	Ctrl＋E	合并图层
Ctrl＋J	复制当前图层	Ctrl＋Shift＋E	合并可见图层
Ctrl＋G	图层编组		

7.2 图层的混合模式

图层的混合模式是一个难点,学习图层混合模式需要多尝试和观察才能更好地理解各种混合模式的特点。

7.2.1 图层混合模式基本概念

在学习图层混合模式之前,首先了解三个术语:基色、混合色和结果色。

(1) 基色:指当前图层之下的图层颜色。

(2) 混合色:指当前图层的颜色。

(3) 结果色:指混合后得到的颜色。

图层混合模式决定当前图层中的像素与其下面图层中的像素以何种模式进行混合,简称为图层模式。按照 Photoshop 下拉菜单中的分组,如图 7-17 所示,将图层混合模式分为正常模式组、变暗模式组、变亮模式组、叠加模式组、差值模式组和色相组 6 个组来介绍。

7.2.2 图层混合模式原理介绍

1. 正常模式组

正常:编辑或绘制每个像素,使其成为结果色。

溶解:编辑或绘制每个像素,使其成为结果色,但根据像素位置的不透明度,随机替换基色和混合色,如图 7-18 所示。

图 7-17　图层混合模式　　　　分组

正常 填充30%　　　溶解 填充30%

图 7-18　正常和溶解混合模式对比

2. 变暗模式组

变暗：查看每种颜色的颜色信息，选择基色和混合色中较暗的颜色作为结果色，比混合色亮的像素被替换，比混合色暗的像素保持不变。

正片叠底：查看每种颜色的颜色信息，并将基色和混合色混合，任何颜色与白色混合保持不变，与黑色混合变为黑色，所以结果色总是较暗的颜色。由于存在混合的步骤，所以正片叠底的效果比变暗模式显得更加自然和柔和，所以这是一个很常用的混合模式。

颜色加深：查看每种颜色的颜色信息，通过增加对比度使基色变暗反衬混合色，与正片叠底效果的不同之处在于，该效果可以保留当前图像中的白色区域。

线性加深：查看每种颜色的颜色信息，通过减小亮度使基色变暗反衬混合色，与白色混合不产生变化，与颜色加深模式有些类似。

深色：查看基色和混合色的信息，选取其中较深的颜色作为混合色，所以不会产生新的颜色。

3. 变亮模式组

变亮：查看每种颜色的颜色信息，选择基色和混合色中较亮的颜色作为结果色，比混合色暗的像素被替换，比混合色亮的像素保持不变。

滤色：查看每种颜色的颜色信息，并将基色和混合色混合，任何颜色与黑色混合保持不变，与白色混合变为白色，所以结果色总是较亮的颜色。

颜色减淡：查看每种颜色的颜色信息，通过增加对比度使基色变亮反衬混合色，当然，与黑色混合后不产生任何变化，因此效果比较生硬。

线性减淡：查看每种颜色的颜色信息，通过增加亮度使基色变暗反衬混合色，与黑色混合不产生变化，与颜色减淡模式有些类似。

浅色：查看基色和混合色的信息，选取其中较浅的颜色作为混合色，所以不会产生新的颜色。

4. 叠加模式组

叠加：混合或过滤颜色，具体取决于基色、图案或颜色在现有基础上相加，同时保留基色的明暗对比，不替换基色，但基色与混合色互相混合后反映颜色的亮度和暗度。

柔光：使颜色变量或变暗，具体取决于混合色。

强光：混合或过滤颜色，具体取决于混合色。

亮光：通过增加或减小对比度使图像更亮或更暗，具体取决于混合色。

线性光：线性光是线性加深和线性减淡的马太效应组合，亮的更亮，暗的更暗。

点光：点光就是变亮和变暗的马太效应组合，亮的更亮，暗的更暗。

实色混合：查看每个通道的颜色信息，根据混合色替换颜色，如果混合色比 50％ 的灰色亮，则替换此混合色为白色；反之，则为黑色，实际上就是把灰度图像转换成黑白图像了。

5. 差值模式组

差值：查看每个颜色的颜色信息，从基色中减去混合色或从混合色中减去基色，具体看谁的颜色数值更大，与白色混合反转基色值，与黑色混合不产生变化。

排除：效果跟差值类似，但是对比度更低的效果。

减去：查看各通道的颜色信息，并从基色中减去混合色。如果出现负数就剪切为零。与基色相同的颜色混合得到黑色，白色与基色混合得到黑色，黑色与基色混合得到基色。

划分：查看每个通道的颜色信息，并用基色分割混合色。基色数值大于或等于混合色数值，混合出的颜色为白色。基色数值小于混合色，结果色比基色更暗。因此，结果色对比非常强。白色与基色混合得到基色，黑色与基色混合得到白色。

6. 色相组

色相：结果色保留混合色的色相，饱和度及明度数值保留基色的数值。

饱和度：用混合色的饱和度以及基色的色相和明度创建结果色。

颜色模式：用混合色的色相、饱和度以及基色的明度创建结果色。

明度：利用混合色的明度以及基色的色相与饱和度创建结果色。它跟颜色模式刚好相反，因此混合色图片只能影响图片的明暗度，不能对基色的颜色产生影响，但黑、白、灰除外。黑色与基色混合得到黑色，白色与基色混合得到白色，灰色与基色混合得到明暗不同的基色。

7.3　图层样式

在进行 UI 创作的过程中，通常会为绘制的图形或添加的图形应用各种立体投影，各种质感以及光景效果的图像特效，使其更具质感和设计感。图层样式可以轻易地模拟这些效果，这些都是 UI 设计中需要重点掌握的内容。

7.3.1　图层样式的编辑

1. 添加图层样式

方式 1：执行"图层"→"图层样式"命令添加图层样式，如图 7-19 所示。

方式 2：双击图层面板中图层的空白区域，添加图层样式。

方式 3：单击图层功能按钮中的 fx 按钮，添加图层样式，如图 7-20 所示。

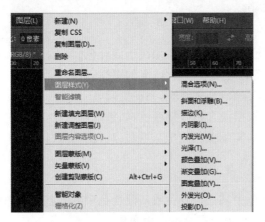

图 7-19　添加图层样式

图 7-20　通过 fx 按钮添加图层样式

方式 4：通过图层面板菜单添加图层样式。

方式 5：右击图层面板中图层的空白区域，在弹出的快捷菜单中执行"混合选项"命令，在弹出的"图层样式"对话框中添加图层样式。

2. 复制图层样式

执行"图层"→"图层样式"→"拷贝图层样式"命令，把图层样式复制到剪贴板上，然后选择目标图层，再执行"图层"→"图层样式"→"粘贴图层样式"命令，把图层样式粘贴到目标图层。

3. 隐藏图层样式

选定图层为当前层，执行"图层"→"图层样式"→"隐藏所有效果"命令，该命令会隐藏所有图层的图层样式，使得图层样式不可用。或单击取消对应图层样式前面的"眼睛"按钮，如图 7-21 所示。

4. 清除图层样式

在图像处理过程中，想要清除图层样式，执行"图层"→"图层样式"→"清除图层样式"命令或在图层面板上右击，在弹出的快捷菜单中选择"清除图层样式"命令。

5. 使用预设样式

在 Photoshop 窗口激活"样式"面板，如图 7-22 所示，选择需要的样式单击即可。

图 7-21　隐藏图层样式

图 7-22　样式面板

7.3.2 十大图层样式

1. 斜面和浮雕

打开"图层样式"对话框，如图 7-23 所示，选中"斜面和浮雕"复选框，可以看到该样式所包含的设置。在该图层样式的下方还可以看到"等高线"和"纹理"两个复选框，利用这些设置选项可以对 UI 设计形象进行高光和阴影的自由组合，使得编辑的效果更具立体感。

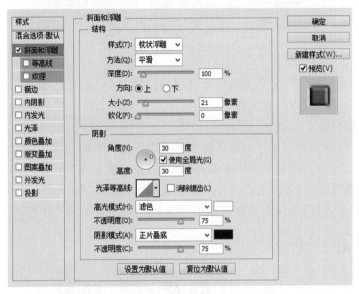

图 7-23 "图层样式"对话框

在"斜面与浮雕"图层样式分为"结构"和"阴影"两个部分，主要用于浮雕效果的外形构造设置。

1)"结构"选项组

在"结构"选项组中可以选择"外斜面""内斜面""浮雕效果""枕状浮雕""描边浮雕"5 种类型。图 7-24 所示为各种样式在默认状态下的效果。

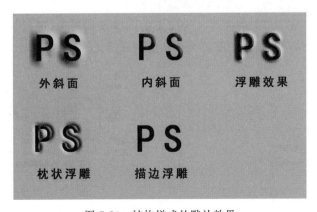

图 7-24 结构样式的默认效果

如图 7-25 所示,"结构"选项组有三种可供选择的方式:"平滑""雕刻清晰""雕刻柔和"。"平滑"选项模糊边缘,不能保留较大斜面的边缘细节;"雕刻清晰"选项保留清晰的雕刻边缘,适用于有清晰边缘的图像;"雕刻柔和"介于这两者之间,主要用于较大范围的对象边缘。

图 7-25　结构的方式

"深度"选项必须和"大小"选项进行配合使用,在"大小"选项参数一定的情况下,用"深度"可以调整斜面梯形斜面的光滑程度。

2)"阴影"选项组

"阴影"选项组中的选项用于设置图像中浮雕效果上阴影的效果。在该选项组中通过对高光和阴影的混合模式、颜色和不透明度进行控制,让浮雕呈现出理想的效果。

"光泽等高线"用于设置斜面高光和阴影位置的光线效果,如图 7-26 所示。单击该选项后面的下三角按钮,可以选择所需要的样式。图 7-27 所示为不同光泽等高线效果。

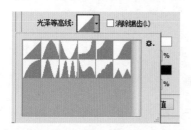

图 7-26　选择光泽等高线

图 7-27　不同光泽等高线的效果

3)"等高线"和"纹理"子选项

如图 7-28 所示,"斜面和浮雕"图层样式下方的"等高线"用于对斜面的形态进行定义,通过不同的等高线可以表现出丰富的立体效果。

如图 7-29 所示,"纹理"子选项用来为图层的图像添加材质,通过纹理面板可以选择叠加到对象上的纹理,并调整纹理的缩放大小和应用深度。

图 7-28　等高线子选项

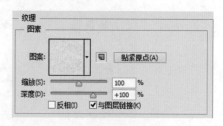

图 7-29　纹理子选项

2. 描边

"描边"样式直观、简单,就是沿着图层中非透明对象的边缘进行轮廓色的创建,如图 7-30 所示。

首先描边"大小"滑块可以用来控制描边的粗细,而描边"位置"下拉列表可用于设置描边位于描边对象边缘的"内部""外部""居中"。不同描边位置与对象边缘的关系如图 7-31 所示。

图 7-30   描边样式选项卡

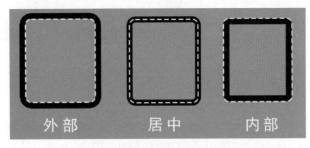

图 7-31   不同描边位置与对象边缘

在"描边"样式选项卡中可以利用"不透明度"和"混合模式"来控制描边所呈现出来的透明程度以及描边与对象的混合叠加方式。

此外,"填充类型"是描边样式中比较重要的设置选项,它有三种方式可供选择,分别为"颜色""渐变""图案"。这三种方式都是用来设置描边填充的样式的,三种默认情况的效果如图 7-32 所示。

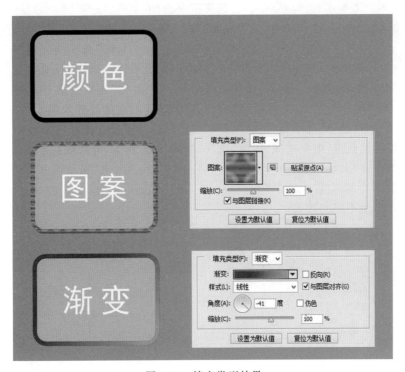

图 7-32   填充类型效果

3. 内阴影

应用了"内阴影"样式之后,将会在紧靠图层内容的边缘内添加阴影,使图层具有凹陷的外观,如图7-33所示。内阴影样式和很多选项的投影是一样的。投影可以理解为一个光源照射平面对象的效果,而内阴影样式可以理解为光源照射球体的效果。

图 7-33　凹陷的外观

距离是内阴影中较为重要的设置,主要用于设置阴影在对象内部的偏移距离。这个值越大,光源的偏离距离就越大,而偏移的方向由角度决定。

其中"品质"选项组里的"等高线"选项可以控制内阴影的形状来指定内阴影的渐隐样式,使用"消除锯齿"选项将阴影边缘的像素进行平滑,以消除锯齿现象。使用"杂色"选项可以为内阴影添加随机的杂点效果,其参数越大,杂色就越多。

4. 内发光

内发光效果就如同对象边缘内侧装有照明设备,向内部照射或对象内部有光源向边缘照射。

图 7-34　准确和柔和

"结构"选项卡功能可选参数有"混合模式""不透明度""杂色""纯色填充""渐变填充"。

这里重点介绍"像素"选项卡,"方法"选项中包含了"准确"和"柔和"两个选项,"精确"选项可以使光线的穿透能力强一点,"柔和"选项的光线穿透力则要弱一些。如图7-34所示,"精确"选项会凸显出图层中对象的边缘形状,而"柔和"选项会将图层中对象的边缘形状弱化,使其产生自然的发光效果。

"源"选项包括"居中"选项和"边缘"选项,"边缘"选项就是在光源对象内侧表面,这也是内侧发光效果的默认值,如果选择"居中"选项,如图7-35所示,光源则在对象的中心。

"阻塞"选项和"大小"选项的设置值会产生相互作用,"阻塞"选项用来影响"大小"选项的范围内光线渐变的速度。如图7-36所示,在"大小"选项设置相同的情况下,调整"阻塞"选项的值可以形成不同的效果。

图 7-35　源选项

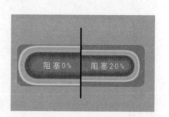

图 7-36　阻塞属性效果

5. 光泽

光泽图层样式的选项虽然不多,但是很难准确把握,微小的设置差别会导致截然不同的效果,是所有图层样式中最难控制的一个。

光泽用于在图层的上方添加一个波浪形或绸缎状的效果,也可以将光泽效果理解为光线照射下反光度比较高的波浪形表面,如水面所显示出来的效果。

光泽效果会和图层中对象的形状产生直接的关系,图层中对象的轮廓不同,添加光泽样式之后产生的效果完全不同,即便参数设置完全一致。图 7-37 所示为相同参数下不同的形状的显示效果。

"距离"选项用于设置两组光环之间的距离,"大小"选项用来控制光环的宽度。图 7-38 所示为"大小"相同、改变"距离"参数的设置。

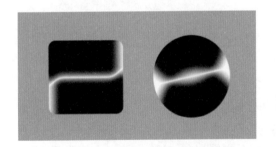

图 7-37 相同参数不同图形显示效果

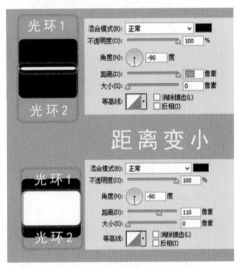

图 7-38 "大小"相同、改变"距离"

图 7-39 所示为在相同"距离"的情况下改变"大小"值的设置。

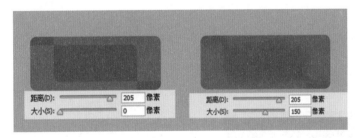

图 7-39 "距离"相同、改变"大小"

6. 颜色叠加、渐变叠加、图案叠加

颜色叠加、渐变叠加、图案叠加原的原理完全是一样的,只有虚拟图层填充的方式发生了变化,颜色叠加的虚拟图层颜色为纯色,渐变叠加为渐变色,图案叠加快速应用了纹理图案。

使用叠加样式可以随时地对图层对象的颜色进行更改,这样可以在制作过程中获得更大的编辑空间,也可以有效地消除因填色不当所造成的错误,让操作更加灵活。

如图 7-40 所示,"渐变叠加"中的"与图层对齐"复选框用于确定极坐标系的原点。如果选中则原点在图层的中心上;否则,原点在整个图层(包括透明区域)的中心上。

其中"缩放"选项是用来街区渐变色的特定部分作用于虚拟层上,其值越大,所选取的渐变色的范围就越小;反之范围越大,具体效果的设置如图 7-41 所示。

图 7-40　与图层对齐

与"图案叠加"中"缩放"选项效果类似,通过参数的大小控制单位面积上图案显示的大小,如图 7-42 所示。

图 7-41　渐变叠加的缩放

图 7-42　图案叠加的缩放

7. 外发光

外发光的图层样式可以制作边缘向外发光的效果,图 7-43 所示为应用了外发光效果的文字。

如图 7-44 所示的"外发光"选项卡中"结构"选项用于设置外发光样式的颜色和光照强度等属性,"混合模式"选项影响这个虚拟图层和下方图层的混合关系;"不透明度"选项滑块用于控制光芒的不透明度;"杂色"选项滑块用于为光芒部分添加随机的透明点;"渐变"选项和"颜色"选项用于设置光芒的颜色。

图 7-43　外发光效果的文字

图 7-44　"外发光"选项卡

"图素"选项组重点设置用于设置光芒的大小。其中"方法"下拉列表包含"柔和"选项与"精确"选项,"精确"选项用于一些发光较强的对象,或反光对比效果比较明显的对象;"柔和"选项则相反,一半多用"柔和"选项;"扩展"选项用于设置光芒中有颜色的区域和完全透明区域之间的渐变速度,这里的数值越大渐变素越慢;"大小"选项用于设置光芒的延伸范围,参数越大,光照的范围就越广。"大小"选项比较容易理解,图 7-45 所示为在大小值相同的情况下比较"扩展"选项对"外发光"选项的影响。

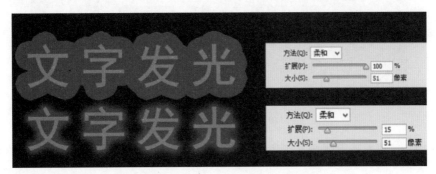

图 7-45　外发光大小相同比较扩展

最下方"品质"选项组中的"设置"选项用于设置外发光效果的细节,如图 7-46 所示。"范围"选项用于设置等高线对光芒的作用范围,即对等高线进行缩放,截取其中的一部分作用于光芒上,调整"范围"选项和重新设置一个新"等高线"的作用是一样的,但使用"范围"选项对等高线进行调整可以更加精确;"抖动"选项用于为光芒添加随意的颜色点,为了使"抖动"选项设置后的效果能够清晰地显示出来,光芒至少需要两种颜色,效果如图 7-47 所示。

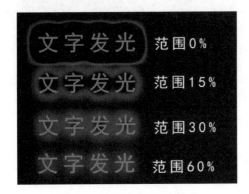

图 7-46　外发光的范围属性

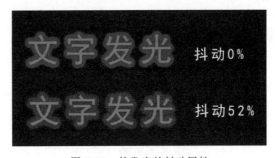

图 7-47　外发光的抖动属性

8. 投影

投影样式可以使得对象的下方出现一个轮廓和对象内容相同的阴影,这个影子有一定的偏移量,如图 7-48 所示。

"不透明度"选项用于设置阴影的不透明度,如果想要阴影的颜色深一点就应当增大这个值;反之,减少这个值。

"角度"选项用于设置阴影的方向,在圆圈中,指针指向光源的方向,阴影初相在相反的方向。

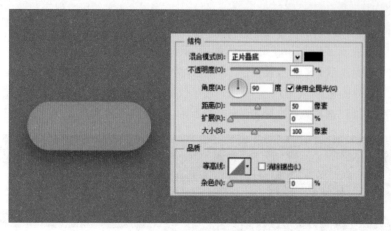

图 7-48　投影样式效果

通过"距离"选项来设置阴影与对象之间的偏移量,值越大则会光源的角度越低,反之越高。

"扩展"选项用于设置阴影的大小,其值越大,阴影的边缘显得越模糊,可以将其理解为光的散射程度比较高;反之越小,阴影的边缘越清晰。该选项的参数值是百分比,具体的效果与"大小"选项的值相关。"扩展"选项参数值的影响范围在"大小"限定的范围之内,如果"大小"的参数值设置比较小,扩展的效果不是很明显。

如图 7-49 所示,"等高线"选项用于对阴影部分进行详细设置,等高线的高处对应阴影上的暗圆环,低处对应阴影上的亮圆环,可以将其理解为"剖面图"。与其他图层样式中的等高线的效果是一样的。

图 7-49　投影等高线

7.4　使用蒙版编辑移动 UI 图像

在使用 Photoshop 进行 UI 视觉设计的过程中,蒙版是非常重要的功能之一,在"图层"面板中可以向图层添加蒙版,然后使用此蒙版隐藏部分图层并显示下面的图层。蒙版图层是一项重要的复合技术,可以用于多张图片合成单个图像,也可用于局部的颜色和色调校正。

蒙版是一种灰度图像,并且具有透明的特性。蒙版是将不同的灰度值转化为不同的透明度,并作用到该蒙版所在的图层中,遮盖图像中的部分区域。当蒙版的灰度加深时,被遮盖的区域会变得更加透明,通过这种方式不但不会对图像产生一点破坏,而且还会起到保护图像的作用。

在 Photoshop 中可以创建两种类型的蒙版,即图层蒙版和矢量蒙版,其中图层蒙版用于与分辨率相关的位图图像,可使用绘图或选择工具进行编辑,矢量蒙版与分辨率无关,可使用钢笔工具或形状工具创建。

视频讲解

7.4.1　图层蒙版

图层蒙版是在当前图层上创建的蒙版(一个图层只能有一个图层蒙版),图层蒙版中的白色区域就是图层中的显示区域,黑色区域就是图层中的隐藏区域,图层蒙版中灰色渐变的区域就是图层中的不同透明度的显示区域,如图 7-50 所示的图层蒙版对应的合成原理如图 7-51 所示。

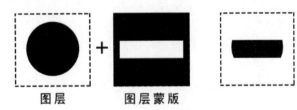

图层　　　图层蒙版

图 7-50　Photoshop 中图层蒙版　　　　图 7-51　图层蒙版的合成原理

7.4.2　图层蒙版的基本操作

1. 创建图层蒙版

(1)在图 7-52 中,创建一个显示全部的蒙版,单击"图层功能按钮"中的"添加图层蒙版"按钮,或在图 7-53 中,选择"图层"→"图层蒙版"→"显示全部"选项,创建结果如图 7-54 所示。

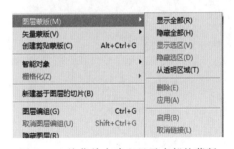

图 7-52　图层功能按钮中的添　　　　图 7-53　从菜单中建立显示全部的蒙版
　　　　　加图层蒙版

(2)建立一个如图 7-55 所示的隐藏图层蒙版,按住 Alt 键,再单击"添加图层蒙版"按钮或选择"图层"→"图层蒙版"→"隐藏全部"选项。

图 7-54　显示全部的蒙版　　　　　　　图 7-55　隐藏图层蒙版

(3)创建一个显示所选选区并隐藏图层其余部分的蒙版,创建选区后单击"添加图层蒙版"按钮或选择"图层"→"图层蒙版"→"显示选区"选项。

(4)创建一个隐藏所选选区并显示图层其余部分的蒙版,创建选区然后按住 Alt 键单击"添加图层蒙版"按钮或选择"图层"→"图层蒙版"→"隐藏选区"选项。

2. 显示图层蒙版

按住 Alt 键并单击图层蒙版缩览图,查看图层蒙版,这时所有图层被隐藏,显示就是建立的图层蒙版。另外,也可以按 Alt＋Shift 组合键,再单击图层蒙版缩览图,以红色蒙版显示图层蒙版。

3. 编辑图层蒙版

选择图层蒙版后可以用绘图工具和绘画工具对其进行编辑,图层蒙版用黑色遮盖的部分会被隐藏,白色遮盖的部分则显示。

双击图层蒙版缩览图可以进入如图 7-56 所示的蒙版属性面板。该面板上的部分功能按钮的作用如下所述。

当前选择蒙版:显示在"图层"面板中选择的蒙版类型,此时可在"属性"面板中进行编辑。

添加图层蒙版:单击"添加图层蒙版"按钮,可以为当前图层添加图层蒙版。

添加矢量蒙版:单击"添加矢量蒙版"按钮,可以为当前图层添加矢量蒙版。

浓度:拖曳滑块可以控制蒙版的不透明度,即蒙版的遮盖强度。

羽化:拖曳滑块可以柔化蒙版的边缘。

蒙版边缘:单击该按钮可以打开如图 7-57 所示的调整蒙版对话框修改蒙版边缘,并针对不同的背景查看蒙版,这些操作与调整选区边缘基本相同。

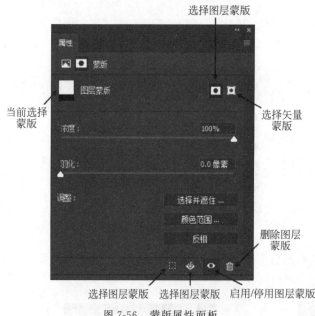

图 7-56　蒙版属性面板

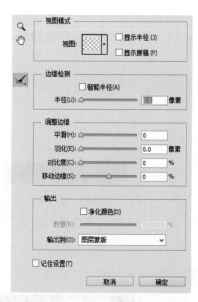

图 7-57　调整蒙版对话框

颜色范围:单击该按钮,可以打开如图 7-58 所示的"色彩范围"对话框,此时可在图像中取样并调整颜色容差来修改蒙版范围。

反相:可以翻转蒙版的遮挡区域。

从蒙版中载入选区:单击该按钮,可以载入蒙版中包含的选区。

应用蒙版:单击该按钮,可以将蒙版应用到图像中,同时删除被蒙版遮盖的图像。

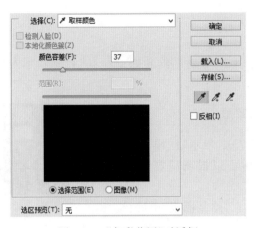

图 7-58 "色彩范围"对话框

停用/启用蒙版：单击该按钮，可以停用（或重新启用）蒙版，停用蒙版时，蒙版缩览图上会出现一个红色"×"。

4. 停用和删除图层蒙版

在"图层"面板中图层蒙版处右击，弹出图层编辑的快捷菜单，如图 7-59 所示。从中可以根据需要选择是停用还是删除图层蒙版。如果要删除图层蒙版，将删除的图层蒙版拖曳到"删除图层"按钮上。如果选择应用，图像会根据图层蒙版的作用而改变。也可以用通道面板进行删除，在应用图层蒙版后，会在通道面板中生成一个新的图层蒙版通道，直接将其拖曳到"删除通道"按钮上也可以达到删除图层蒙版的目的，如图 7-60 所示。

图 7-59 图层蒙版处右击菜单

图 7-60 在通道中删除蒙版

7.4.3 矢量蒙版

矢量蒙版（也称为路径蒙版）是可以任意放大或缩小且不会因放大或缩小操作而影响清晰度的一种蒙版。

1. 创建矢量蒙版

选择"图层"→"矢量蒙版"→"显示全部/隐藏全部"选项，如图 7-61 所示。

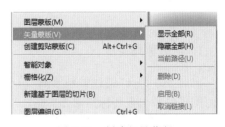

图 7-61 创建矢量蒙版

2. 编辑矢量蒙版

编辑矢量蒙版和编辑图层蒙版大致相同,唯一的区别是矢量蒙版只能用路径工具来编辑。

3. 停用和删除矢量蒙版

右击矢量蒙版,如图 7-62 所示,同样也会弹出图层编辑的快捷菜单。从中可以根据需要选择是停用还是删除矢量蒙版。

矢量蒙版的删除可以在"路径面板"中进行。

图 7-62　图层编辑的快捷菜单

7.4.4　剪贴蒙版

创建剪贴蒙版时要有两个以上的图层,整个组合称为剪贴蒙版。最下面的一个图层称为基底图层(简称为基层),位于其上的图层称为顶层。注意,基层只能有一个,顶层可以有若干个。对上面的图层创建剪贴蒙版后,上面的图层只显示基层的图层形状,用基层的图层剪贴顶层的图层,即顶层的图层只显示基层图层范围内的像素。

两个图层分别对应两个图形矩形和椭圆如图 7-63 所示,然后把矩形剪切到椭圆后如图 7-64 所示。

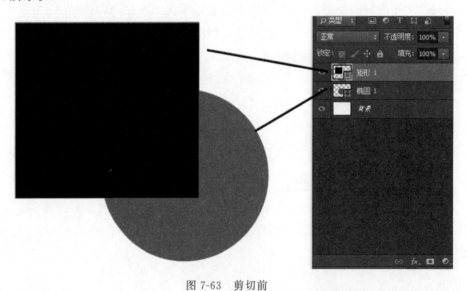

图 7-63　剪切前

1. 创建剪贴蒙版

选择"图层"→"创建剪贴蒙版"选项;或按 Alt＋Ctrl＋G 组合键;也可以按住 Alt 键,在两图层中间出现图标后单击,如图 7-65 所示。建立剪贴蒙版后,上方图层缩略图缩进,并且带有一个向下的箭头。

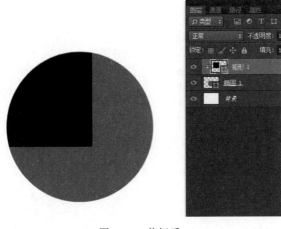 

图 7-64 剪切后 图 7-65 创建剪贴蒙版

2. 释放剪贴蒙版

剪贴蒙版的释放和创建相反,选择"图层"→"释放剪贴蒙版"选项;或按 Alt+Ctrl+G 组合键;也可以按 Alt 键,在两图层中间出现图标后单击,释放剪贴蒙版。

◎ **基础案例展示**

(1) 首先新建画布 1000px×1000px 画布,命名为"旋转按钮",为背景添加"渐变叠加"的图层样式,如图 7-66 和图 7-67 所示。新建工程结果如图 7-68 所示。

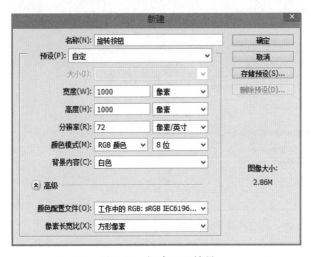

图 7-66 新建工程结果

(2) 使用椭圆工具绘制一个 700px×700px 的底座,并为它添加图层样式,如图 7-69 和图 7-70 所示。

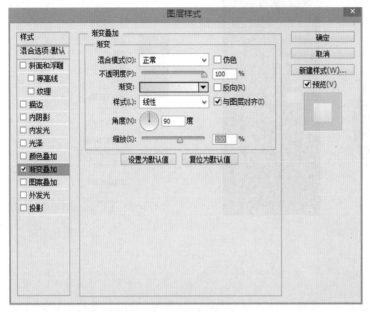

图 7-67　添加渐变叠加　　　　　　　　　　　图 7-68　背景

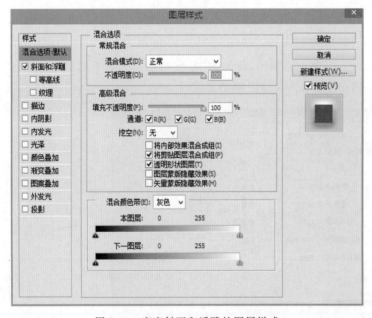

图 7-69　底座斜面和浮雕的图层样式　　　　　　图 7-70　底座

　　(3) 接下来继续使用椭圆工具绘制一个等大的圆,并为它添加图层样式,图案叠加追加灰度纸,选择纤维纸图案,如图 7-71～图 7-74 所示。

　　(4) 绘制底座的线条,选择直线工具绘制一条长度为 700px、粗细为 3px 的直线,填充颜色为白色(♯909090),如图 7-75 所示。

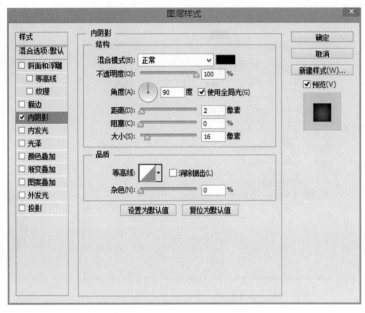

图 7-71　添加内阴影

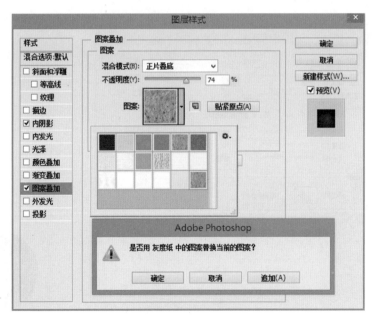

图 7-72　添加图案叠加

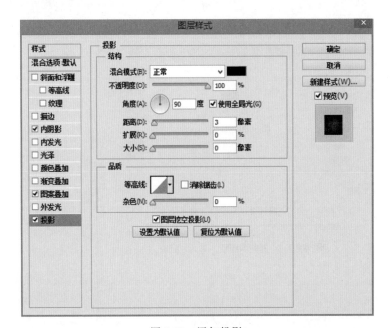

图 7-74　底座材质完成

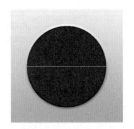

图 7-75　绘制直线

图 7-73　添加投影

(5) 复制直线执行自由变换命令,调整中心点至画布中心,旋转 60°,重复执行上一命令并按 Shift＋Ctrl＋Alt＋T 组合键复制另外一个直线段,添加一下图层样式,如图 7-76 和图 7-77 所示。

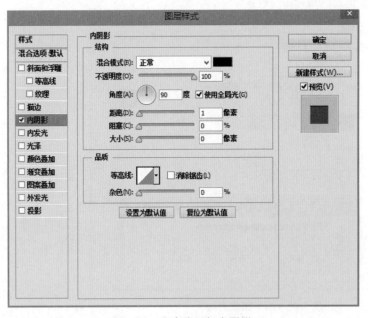

图 7-76　为直线添加内阴影

图 7-77　底座添加直线效果

(6) 接下来使用椭圆工具绘制一个 450px×450px 的正圆,并为它添加图层样式,如图 7-78～图 7-80 所示。

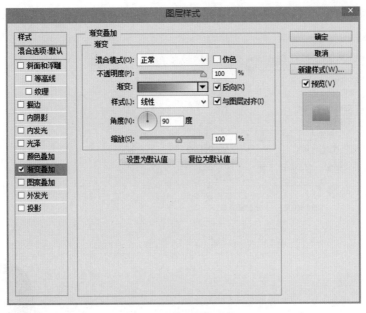

图 7-78　添加渐变叠加

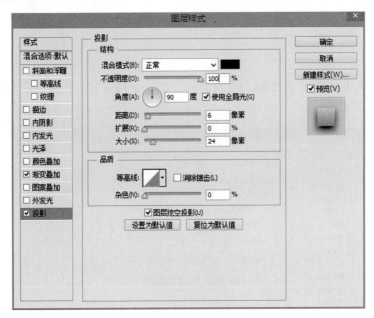

图 7-79　添加投影

图 7-80　绘制完成第一个正圆

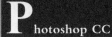

（7）继续使用椭圆工具绘制一个 400px×400px 的正圆，并为它添加图层样式，如图 7-81
和图 7-82 所示。

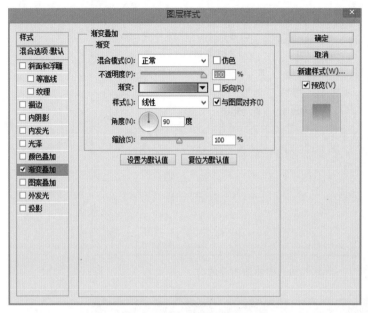

图 7-81　为正圆添加渐变叠加　　　　　　　图 7-82　添加两个正圆后的
　　　　　　　　　　　　　　　　　　　　　　　　　　效果图

（8）继续使用椭圆工具绘制一个 350px×350px 的正圆，并为它添加图层样式，如
图 7-83～图 7-85 所示。

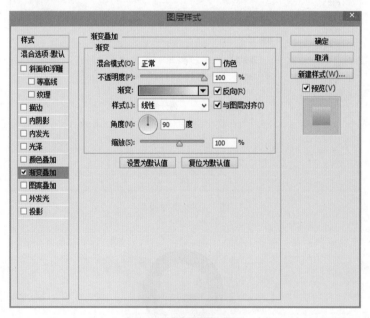

图 7-83　添加渐变叠加

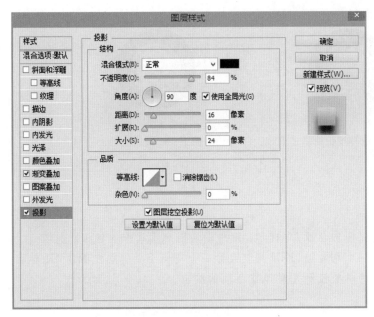

图 7-84 添加投影 图 7-85 三个正圆的效果

（9）绘制最后一个正圆，使用"椭圆工具"绘制一个 30px×30px 正圆，给它起名叫"小内圆"，并为它添加图层样式，如图 7-86 和图 7-87 所示。

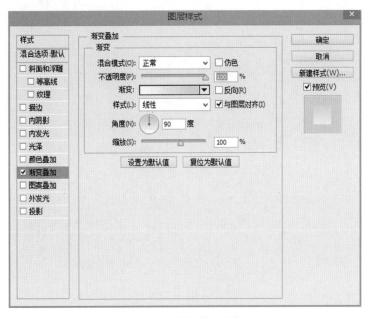

图 7-86 添加渐变叠加

（10）文字部分，选择文字工具微软雅黑，字号为 50 点，颜色白色，输入文字放到合适的位置，并添加图层样式，最终效果如图 7-88 所示。

图 7-87　旋转按钮绘制完成　　　　　图 7-88　最终效果

创新任务设计

- 将一张黑白照片转化为彩色照片(提示：使用图层混合模式中的色相)。
- 使用剪贴蒙版制作一个相片墙,进阶可以设计一个类似于微信朋友圈的 UI 界面。
- 通过调整图层样式的参数设计几种风格不同的按钮。

第 3 篇

移动UI设计实战

第 8 章

设计移动应用的图标

📖 **本章学习目标**

➜ 了解图标设计原则；

➜ 掌握不同设备的图标设计规格；

➜ 赏析优秀的图标，理解案例图标的设计过程。

8.1 图标设计概述

图标即图形标识，具有高度浓缩快速传达信息且便于识记的特点。正是由于图标的特点，在移动应用界面设计中图标是必不可少的。图标在整个移动应用图形界面中分为外部图标（桌面上指向移动应用的图标）和内部图标（指向不同功能的图标）。

图标可以在极小的空间中传达信息和表达信息。优秀的图标设计可以使移动界面更加生动充满趣味，还可以提升整个界面的完整度和美观度。

8.1.1 图标设计原则

1. 象征性

传统公共卫生间标志如图 8-1 所示，当看到这样的标识时，大家立刻都会明白这个标志的意义。图标就是这样具有强烈象征性的图形，使人们在看到时立刻就联想到生活中的事物及其所包含的意义。

图标是象征性的标识，不是对事物的复写。一个合格的图标，必须有鲜明的象征性。让用户在看到图标的第一时间

图 8-1　传统公共卫生间标志

就可以了解图标所代表的功能和传达的信息。

UI设计师要做的就是从事物中提炼特征,将这些特征信息通过图标简洁明了地呈现给用户。由于图标并不能准确、唯一地指向某一种功能,所以通常情况下图标会搭配文字说明以指向具体功能。

2. 统一性

移动应用中反复强调一致性原则,一套移动界面必须具备完全一致的风格,才能让整套界面协调美观。

假如制作的是扁平化图标,那么所有的图标都是扁平化的。如果使用线框式,那么所有图标也必须是线框式的,如图8-2所示。同样,在图标的色彩上也要保持相同的配色方案,如图8-3所示,即使配色有所差异,明度饱和度也应保持一致。

图8-2　线框化图标

图8-3　块面表现的图标

一些优秀的设计师会为一套图标设计共同的元素,这些共同的元素让图标之间相互呼应,从而提升了图标的统一度。

3. 简洁性

图标的设计原则就是简单、易记。简单的图标如图8-4所示,便于用户记忆,给用户的使用带来便捷。少即是多,图标并不应该过多设计。太多的细节会增加图标的辨识复杂度,尤其对于小尺寸的图标,更会成为累赘。当然,细节的复杂程度也会影响单个或整个系列图标的效果。所以当拿不准细节轻重时,最好的方法是考虑最低限度的保证细节,但要保证高质量的明确图标含义。

4.特殊性

在移动界面中,每一个图标都必须是独一无二的,每个图标只能代表一种含义,如图 8-5 所示。即使是在美学上保持配色和形式统一的一系列图标,也必须能区分彼此。这要求设计师在设计中尽量区分不同图标之间的色彩比例与构图方式,使用户在反复的使用中可以快速地找到图标位置。

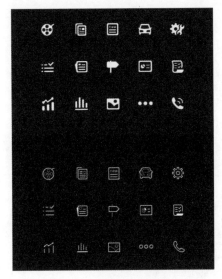

图 8-4 简洁明确的图标

图 8-5 色彩和简单造型

5.趣味性

在保证图标设计原则的前提下,如何使图标更加有趣也是非常重要的。在之前那个公共卫生间标志的基础上,加入一些更有趣的元素,整个图标变得更有设计感,也将人们的注意力吸引到图标上,如图 8-6 所示。

有趣的图标,会增加界面的趣味性,也会有助于留住用户,也有助于提升用户对产品的认可度,如图 8-7～图 8-10 所示。一名优秀的 UI 设计师应懂得结合产品设计出令人耳目一新、充满想象力的图标,这需要具备更多的设计知识和丰富的想象力。

图 8-6 趣味公厕标志图

图 8-7 卡通角色

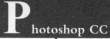

图 8-8　写实帽子

图 8-9　写实篮球

图 8-10　扁平化食品图标

8.1.2　图标设计规范

无规矩不成方圆。图标的设计必须符合各类系统操作平台设定的大小。iPhone 屏幕尺寸规范表如表 8-1 所示，iPhone 图标尺寸规范如图 8-11 所示。

表 8-1　iPhone 屏幕尺寸规范

设　备	App store(Retina)/px	App Store/px	主屏幕/px	Spotlight 搜索/px
iPhone5	1024～180	512～90	114～20	58～10
iPhone4 和 iPhone4s	1024～180	512～90	114～20	58～10
iPhone 和 iPod Touch 第一代、第二代、第三代	1024～180	512～90	57～10	29～5

由于 Android 设备的分辨率较多，为了简单起见，Android 把实际屏幕尺寸分为 4 个广义的大小：小、正常、大、特大。安卓屏幕尺寸规范如表 8-2 所示，安卓图标尺寸规范如图 8-12 所示。

在规范的基础上，图标的外形也可以发生变化。一些常用的图标外形如图 8-13 所示，新手在设计图标时可以借助辅助线规范自己的设计，如图 8-14 所示。

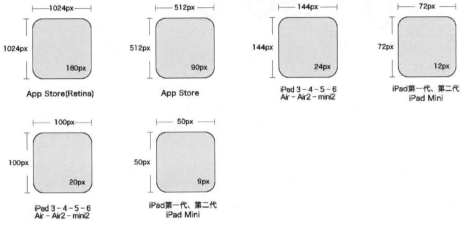

设备	App Store	程序应用	主屏幕	Spotlight搜索	标签栏	工具栏和导航栏
iPad 3 - 4 - 5 - 6 - Air - Air2 - mini2	1024×1024 px	180×180 px	144×144 px	100×100 px	50×50 px	44×44 px
iPad 1 - 2	1024×1024 px	90×90 px	72×72 px	50×50 px	25×25 px	22×22 px
iPad Mini	1024×1024 px	90×90 px	72×72 px	50×50 px	25×25 px	22×22 px

图 8-11　iPhone 图标尺寸规范

表 8-2　Android 屏幕尺寸规范

屏幕大小	启动图标/px	操作栏图标/px	上下文图标/px	系统通知图标（白色）/px	最细笔画/px
320×480	48×48	32×32	16×16	24×24	不小于 2
480×800 480×854 540×960	72×72	48×48	24×24	36×36	不小于 3
720×1280	48×48	32×32	16×16	24×24	不小于 2
1080×1920	144×144	96×96	48×48	72×72	不小于 6

图 8-12　Android 图标尺寸规范

图 8-13　设计中可以使用的辅助图形

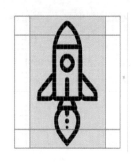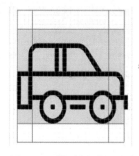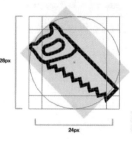

图 8-14　辅助图形用法实例

　　图标设计一定要遵循规范,不然很可能使辛苦的设计根本就无法被使用。在设计阶段就要考虑在项目中的使用这一因素,图标可能会被缩放成各种尺寸,所以必须保证在任何尺寸下图标都要有极高的辨识度。同时,也要防止在缩放时会发生失真或模糊的情况。

8.1.3　图标手绘样稿

　　一个图标的设计过程绝不是一蹴而就,是需要提炼信息融入设计的过程。这个过程最方便也最能提升设计水平的方法就是如图 8-15 所示的手绘图标,手绘图标看起来似乎过时又缺乏效率,但这在设计图标的过程中是最重要的一环。

　　如图 8-16 和图 8-17 所示,借助纸和笔,将自己的想法可视化,再借助软件制作自己预期的图标。

图 8-15　图标设计草稿

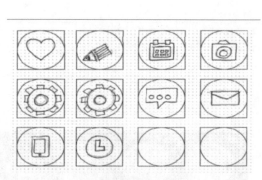

图 8-16　图标设计稿

　　如图 8-18 和图 8-19 所示,通过发散性思维,在纸上呈现各类一闪而过的想法,最终在大量的设计稿中找出最合适项目,这就是手绘图标的作用。在这个过程中设计师可以尽情地发挥自己的想象,不要拘泥于规范,在设计线稿的过程中就可以思考图标的配色,虽然只是原型。

　　值得一提的是,许多优秀的设计都会使用简单的几何形状来辅助设计,如图 8-20 所示。这样做的好处

图 8-17　最终成品

在于,设计的图标有着更规则的外形,也十分美观。在设计时边缘、边角、曲线及角度遵循一些数学规范的同时又不失有趣。换句话说,就是不要太相信自己的眼球,在一些细节上需要遵循规范,因为如果这些元素不一致会影响图标的质量。

图 8-18 多版本迭代图标

图 8-19 多版本迭代图标

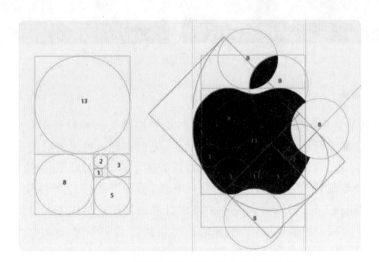

图 8-20 使用简单的几何形状来辅助设计

8.1.4 图标设计的风格分类

一般来说,有两种常用的图标设计风格:拟物化和扁平化。在图 8-21 中,这对图标,左侧的图标表现得较为写实,指南针镜面的阴影、高光还有微小的细节都很真实;而右侧的图标表现得较

图 8-21 拟物化与扁平化的指南针图标

为扁平化,去掉了所有的斜面和轮廓,虽变得简洁但缺乏立体感,只是保留了主要的颜色。

1. 扁平化图标

扁平化的图标设计最突出的功能也就在此,在二维的平面上,不借助复杂的纹理和阴影视觉化地传达信息,和拟物化图标正好相对立。虽然扁平化的图标简洁大方,但是扁平化并不适用于所有图标,会减弱图标的辨识度,这使得扁平化图标要具有高度的元素提炼,这就需要设计师需要注意表意不明的问题。

扁平化是现在网页和 UI 界面设计的流行趋势,尤其是在手机上,由于屏幕的限制,扁平化图标看起来更加的简洁整齐,在用户体验上更有优势,如图 8-22 所示。

图 8-22 同一套图标的线条表现与色块表现

2. 拟物化图标

拟物化图标是扁平化图标的对立面,正如同当初拟物化图标设计师常说的,它就是"抄现实"。它是尽可能地将现实世界中的形状、纹理、光影都融入整个图标的设计,拟真是它的特点,如图 8-23 所示。拟物化图标的设计趋势几乎是伴随着 Macintosh 的诞生和进化一步一步走过来的,走到极致,然后从 UI 设计领域开始,被扁平化设计所替代。拟物化图标现在依然广泛地运用在不同领域,尤其是在游戏设计和游戏类产品的图标设计中。

图 8-24 所示为写实的蛋糕图标,图标的质感很接近真实事物,这种极致写实的图标确实非常吸引人的眼球,更能引起人的食欲。

图 8-23 拟物化照相机图标　　　　　图 8-24 拟物化蛋糕图标

如图 8-25 和图 8-26 所示,两种图标风格各有千秋,并没有绝对的好坏之分。真正的设计师需要根据项目来调整风格,根据项目的需求再来选择使用拟物化风格还是扁平化简洁风格,或是两者的结合。

图 8-25 扁平化照相机图标

图 8-26 拟物化照相机图标

如图 8-27 所示,这组拟物化和扁平化结合的图标,提取出实物的元素并简化处理,但同时对于细节也进行了处理,让人觉得简洁美观同时又十分耐看。

图 8-27 扁平化的形式拟物化的细节表现

如图 8-28～图 8-30 所示,这组图标很有创造性,敢于突破传统,可以发现在扁平化的基础上还叠加了材质肌理。

图 8-28 叠加材质肌理

图 8-29 扁平化音乐播放器图标

图 8-30 拟物化音乐播放器图标

8.2 移动 UI 图标制作实例

8.2.1 电话图标制作

本次案例制作中将设计制作一个具有扁平化风格的电话图标,具体的制作步骤如下所述。

(1) 使用椭圆工具,(按 Alt+Shift 组合键)画出一个正圆,如图 8-31 所示。

(2) 按 Ctrl+J 组合键将正圆复制一个,再按 Ctrl+T 组合键将椭圆 1 复制后等比例缩小(按 Alt+Shift 组合键),如图 8-32 所示。

形状图层叠放方式如图 8-33 所示。

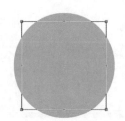

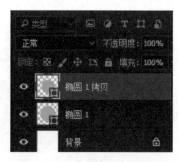

图 8-31　正圆　　　　　　图 8-32　复制并等比例缩放　　　图 8-33　形状图层叠放方式

(3) 先按 Ctrl+E 组合键合并两圆,切换到钢笔工具,选中小圆然后在上方菜单中选择,在钢笔工具的属性栏上单击"路径控制"按钮,选择"减去顶层形状"选项,就可以得到一个圆环,如图 8-34 所示。减去顶层形状操作如图 8-35 所示。圆环完成图如图 8-36 所示。

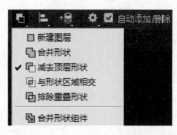

图 8-34　合并后钢笔选中　　　图 8-35　减去顶层形状　　　图 8-36　圆环完成图
　　　　中间圆形

(4) 绘制一个圆与圆环相交,如图 8-37 所示。再绘制一个正圆与圆环内圆等大,与圆环相交,重合区域如图 8-38 所示。

(5) 将绘制圆形放在合适的位置,再绘制两个小的正圆,如图 8-39 所示,摆放在合适位置作为听筒。

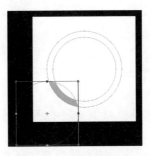

图 8-37 绘制一个圆与　　　图 8-38 重合区域相交　　　图 8-39 绘制圆形放在
　　　　圆环相交　　　　　　　　　　　　　　　　　　　　　　合适的位置

（6）绘制一个矩形，再将矩形旋转 60°切去话筒中的一部分，如图 8-40 和图 8-41 所示。

（7）细化听筒形状，绘制一个圆角矩形，以 60°旋转与听筒结合如图 8-42 和图 8-43 所示。

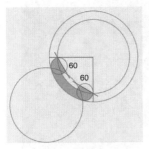
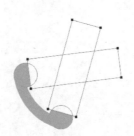
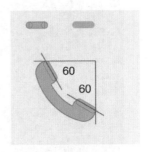

图 8-40 剪切示意图　　　图 8-41 利用矩形进行裁切　　　图 8-42 操作示意图

完成图 1 如图 8-44 所示。

（8）如图 8-45 所示，手柄细节处理，两圆相减，绘制出一个月牙形状，如图 8-46 所示，调整其位置与听筒手柄处相结合如图 8-47 所示。

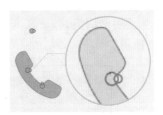

图 8-43 绘制圆角矩形　　　图 8-44 完成图 1　　　图 8-45 裁剪示意图

扁平化风格的电话图标完成图 2 如图 8-48 所示。

图 8-46 相交形状示意图　　　图 8-47 与听筒手柄处结合示意图　　　图 8-48 完成图 2

总结：本节实例较为简单，主要是使初学者学习掌握形状工具使用以及养成一种用几何来拼接图标的思维方式。

8.2.2 微信图标制作

本次案例制作中将设计制作一个具有扁平化风格的微信图标，具体的制作步骤如下所述。

（1）绘制一个圆角矩形，双击图层，添加图层样式为渐变叠加，设置从色彩 1(64ec29)到色彩 2(19ad0e)的线性渐变，渐变叠加设置如图 8-49 所示，编辑后的效果如图 8-50 所示。

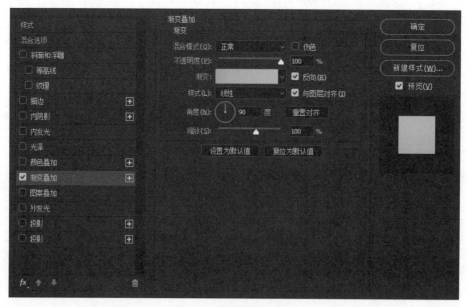

图 8-49　渐变叠加设置

（2）使用椭圆工具，设置填充为白色，描边设置为无。在圆角矩形中绘制一个椭圆，如图 8-51 所示。

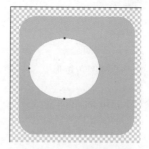

图 8-50　渐变叠加效果　　　　　　　图 8-51　绘制椭圆

（3）使用钢笔工具，在椭圆左下方位置，单击三次添加三个锚点，如图 8-52 所示。

（4）在钢笔工具状态下，按住 Ctrl 键可以拖曳锚点，按住 Alt 键可以拖曳控制柄，适当调整锚点和控制柄绘制所需形状，如图 8-53 所示。

图 8-52　锚点添加位置

图 8-53　锚点操作示意图

（5）使用形状工具绘制两个等大的正圆，减去小气泡对话框，如图 8-54 所示。

（6）将图中绘制的形状复制一个，进行水平翻转并等比例缩放，最后摆放在适当位置，如图 8-55 所示。

图 8-54　裁剪示意图 1

图 8-55　裁剪示意图 2

（7）使用形状工具绘制一个椭圆，并减去较大的气泡框，如图 8-56 所示。微信图标制作完成，如图 8-57 所示。

图 8-56　裁剪示意图 3

图 8-57　微信图标完成图

总结：本节主要使用了形状工具、钢笔工具、图层样式的渐变叠加等工具进行了制作，希望读者可以从中学习使用钢笔工具和形状工具组合绘制图形的方法。

8.3　移动 UI 半扁平化图标设计

本次案例制作中将设计制作一个具有半扁平化风格的天气图标，具体的制作步骤如下所述。

新建文件，使用形状工具画一个圆角矩形，填充黑色。选择图层调板的"图层样式"按钮，在弹出的对话框中选择"渐变叠加"选项，并进一步选择其中的"径向渐变"效果，具体设置如图 8-58 所示，具体效果如图 8-59 所示。

（1）绘制彩云，用 5 个正圆拼接成云朵的形状作为阴影层，调整云朵图层填充为 17％，如图 8-60 所示,效果如图 8-61 所示。

图 8-58 渐变叠加设置

图 8-59 渐变叠加效果图

图 8-60 图形叠放示意图

图 8-61 效果图

(2) 按 Ctrl+J 组合键复制云朵图层,单击图层调板的"图层样式"按钮,选择"渐变叠加"选项使用两种明度相近的灰色做微弱的渐变,接着在"图层样式"对话框中选择"斜面浮雕"选项做出云彩的立体感,具体设置如图 8-62 和图 8-63 所示,得到如图 8-64 所示的效果。

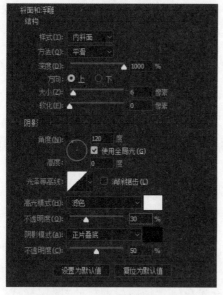

图 8-62 斜面浮雕样式设置

图 8-63 渐变叠加样式设置

(3) 复制云朵图层,清除图层样式,填充较亮的灰色。适当缩小云朵 3,只露出下方云朵 2 的边缘部分。图层叠放顺序如图 8-66 所示,操作完成后效果如图 8-65 所示。

图 8-64　效果图

图 8-65　叠放效果图

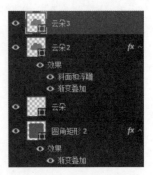

图 8-66　图层叠放示意图

（4）使用相同的方法制作一个小的云朵，复制该云朵并稍微放大一些，填充黑色，调整图层填充为12％作为阴影。具体参数设置如图8-67所示，效果如图8-68所示。

（5）使用钢笔工具绘制一个闪电，再复制闪电形状。闪电2填充柠檬黄，闪电用明度纯度较低的橙色，如图8-69所示。最后将闪电于闪电2图层放置于白云图层下方。图层叠放顺序如图8-70所示，完成效果如图8-71所示。

图 8-67　斜面浮雕样式设置

图 8-68　设置后的效果图

图 8-69　闪电形状示意图

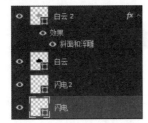

图 8-70　图层叠放示意图

图 8-71　完成效果图

（6）在闪电上绘制一个椭圆,填充为橙红色,在属性面板中调整椭圆的羽化值。将图层混合模式改为叠加,如图 8-72 所示。效果如图 8-73 所示,属性参数设置如图 8-74 所示。

图 8-72　图层混合模式　　　　图 8-73　光晕示意图　　　　图 8-74　光晕形状属性设置

（7）复制光晕图层,将填充改为金黄色。按 Ctrl＋T 组合键自由变换(按住 Ctrl＋Alt 组合键等比例缩放)。图层混合模式仍然为叠加,如图 8-75 所示。效果如图 8-76 所示,图层叠放方式如图 8-75 所示。

图 8-75　图层混合模式　　　　　　　　图 8-76　光晕示意图

为光晕图层建立蒙版,用画笔将多余的影响视觉的部分遮住。效果如图 8-77 所示,蒙版设置如图 8-78 所示。

图 8-77　效果图　　　　　　图 8-78　图层蒙版示意图

（8）使用钢笔工具绘制一个雨滴,再复制多个改变大小,如图 8-79 所示。将所有的雨滴形状合并到一个图层,填充为黑色,调整雨滴阴影图层填充为 30％,将雨滴阴影向右下方移动少许,作为雨滴的阴影,如图 8-80 所示。

图 8-79　雨滴效果图　　　　　　　　　　　　　　图 8-80　完成效果图

（9）最后对整个图标的效果进行进一步的细微调节。

本节制作半扁平化的图标，比扁平化图标会更加复杂。在掌握一定的美术知识的前提下，可以制作出更加美观的图标。本节中使用图层样式制作立体效果，使用形状的羽化来制作光晕的效果，这些技法在图标制作中十分常见，希望读者可以加强练习掌握这些技法。

8.4　移动 UI 立体图标的设计

8.4.1　拟物时钟终图标的制作

本次案例将设计制作一个具有立体效果的拟物化时钟图标，具体的制作步骤如下所述。

（1）首先绘制一个圆角矩形，并添加图层样式：渐变叠加、描边、投影、斜面浮雕，效果如图 8-81 所示，具体参数设置如图 8-82～图 8-85 所示。

图 8-81　效果示意图　　　　　　　　　　图 8-82　渐变叠加设置

（2）接下来要给图标制作金属拉丝的质感。新建一个图层填充白色，选择"滤镜"→"添加杂色"选项，完成后再选择"滤镜"→"模糊"→"动感模糊"选项，具体参数设置如图 8-86 和图 8-87 所示。

（3）将拉丝图层创建剪切蒙版到下方的圆角矩形图层，如图 8-88 所示。这里需要注意设置混合模式中的选项，如图 8-89 所示。

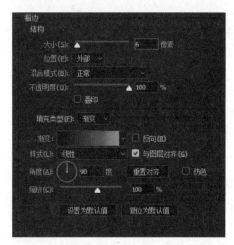

图 8-83　描边设置 1

图 8-84　斜面浮雕样式设置

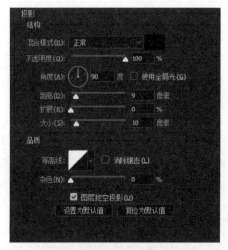

图 8-85　投影设置 1

图 8-86　添加杂色设置

图 8-87　动感模糊设置

图 8-88　剪切蒙版示意图

（4）最后将拉丝图层的混合模式改为颜色加深，如图 8-90 所示。这样就完成了对材质的制作，如图 8-91 所示。

图 8-89　混合选项设置

图 8-90　混合模式设置

图 8-91　完成效果图

（5）下面开始绘制时钟的表盘部分。新建图层在底盘的中心绘制一个正圆并添加图层样式：内阴影、描边、渐变叠加，具体参数设置如图 8-92～图 8-94 所示，完成后效果如图 8-95 所示。

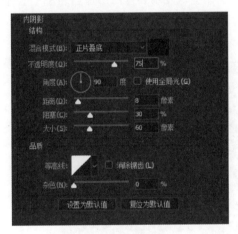

图 8-92　内阴影设置 1

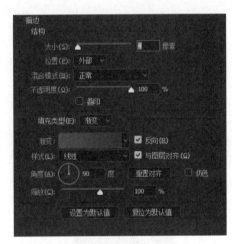

图 8-93　描边设置 2

图 8-94　渐变叠加设置 1

图 8-95　完成效果图 2

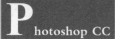
（6）继续细化表盘部分。复制表盘图层并等比例缩小一些，清除图层样式，填充为黑色并添加图层样式：描边、投影，具体参数设置如图 8-96 和图 8-97 所示，效果如图 8-98 所示。

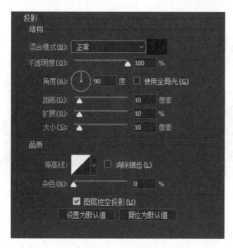

图 8-96　投影设置 2

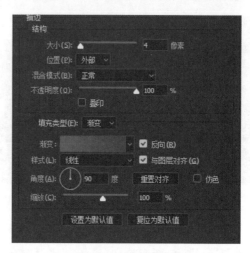

图 8-97　描边设置 3

（7）这一步是为了让中心的表盘凸出来以呈现立体感。复制表盘图层适当缩小一些并清除图层样式，再添加图层样式：内阴影、渐变叠加，具体参数设置如图 8-99 和图 8-100 所示，最终效果如图 8-101 所示。

图 8-98　完成效果图 3

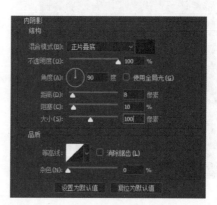

图 8-99　内阴影设置 2

图 8-100　渐变叠加设置 2

图 8-101　完成效果图 4

（8）绘制高光。按住 Ctrl 键单击最中心的表盘以载入该选区，得到如图 8-102 所示的选区。

（9）新建图层填充白色，再次载入中心表盘的选区，在"选择"工具下将选区向右下角移动一些，删除选区中的部分，如图 8-103 所示。

图 8-102　选区示意图

图 8-103　选区操作示意图

（10）适当降低高光图层的不透明度，将图层混合模式改为柔光，如图 8-104 所示，效果如图 8-105 所示。

（11）制作表盘中的时刻和指针。绘制一个小矩形，以表盘中心为旋转中心，复制多个小矩形，每个矩形旋转 30°，得到如图 8-106 所示的形状。

图 8-104　混合模式设置

图 8-105　完成效果图 5

图 8-106　时刻形状参考

（12）同样的，绘制长短粗细不一的矩形当作指针，指针的旋转中心要一致，如图 8-107 所示。

（13）最后制作指针的阴影。将作为指针图层合并，然后复制一个。将复制的指针图层设置在指针图层下方，将该图层的属性中的羽化值增加，如图 8-108 所示，图层叠放顺序如图 8-109 所示，最终效果如图 8-110 所示。

图 8-107　指针形状参考

图 8-108　阴影属性设置

图 8-109　图层叠放示意图　　　　　图 8-110　最终效果图

　　总之,拟物化的图标为了更接近真实的事物,制作的过程更加复杂,须掌握一定的美术知识。本节中所有的步骤都是为了显出质感和立体感,这是拟物化图标的要点。在学习拟物化图标中,要学会借鉴实物,观察实物的光影关系,这将有利于理解拟物化图标的制作思维。

8.4.2　拟物化照相机图标制作

　　本次案例制作中将设计制作一个具有立体效果的拟物照相机图标,具体的制作步骤如下所述。

　　(1) 制作照相机机身。绘制一个圆角矩形圆角度数为 90°,为其添加图层样式:渐变叠加、内阴影、斜面浮雕,效果如图 8-111 所示。具体参数设置如图 8-112~图 8-114所示。

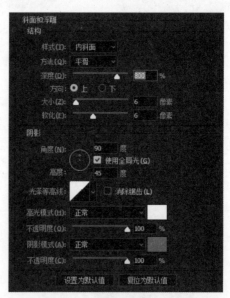

图 8-111　效果图 1　　　　　　　　图 8-112　斜面浮雕样式设置

　　(2) 做出凹进去的结构。在底座中心绘制一个正圆,添加渐变叠加,效果如图 8-115 所示,具体参数如图 8-116 所示。

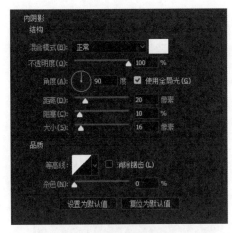

图 8-113　内阴影设置 1

图 8-114　渐变叠加设置 1

（3）在凹陷中制作金属底座部件。这一步骤开始比较复杂，但是可以将其分解为多个部分制作。这里需要运用美术知识，将其分为投影、底座、明暗交界线、高光、镜头凹陷。完成效果如图 8-117 所示。

图 8-115　效果图 2

图 8-116　渐变叠加设置 2

图 8-117　效果图 3

① 投影效果及参数设置，如图 8-118 所示。

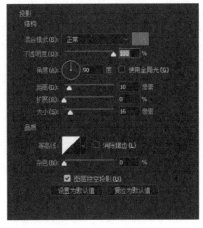

图 8-118　投影效果及参数设置

② 底座投影制作效果及参数设置、渐变叠加设置、投影设置,如图 8-119～图 8-121 所示。

图 8-119 底座投影制作效果及参数设置

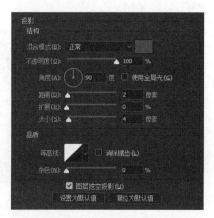

图 8-120 渐变叠加设置 3　　　　　　　　图 8-121 投影设置

③ 明暗交界线制作。使用了渐变叠加图层样式,呈现明暗交界线效果以及渐变叠加设置,如图 8-122 所示。

图 8-122 明暗交界线效果以及渐变叠加设置

④ 高光制作。使用渐变叠加图层样式,呈高光效果以及渐变叠加设置,如图 8-123 所示。

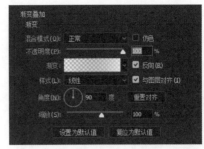

图 8-123 高光效果以及渐变叠加设置

⑤ 镜头凹陷效果制作。黑色的圆置于灰色的圆上,如图 8-124 所示。

以上图层根据制作的顺序来安排图层重叠的顺序,将高光的图层放置在靠上的位置,如图 8-125 所示。

图 8-124 镜头凹陷形状示意图 　　　　图 8-125 图层叠放顺序示意图

(4) 制作镜头。效果如图 8-126 所示。虽然镜头看起来十分复杂,但也可以采用分层制作的方法,只要大家耐心都可以制作出来。

① 这一步制作镜头的底色,如图 8-127 所示使用内阴影制作镜头上的投影。添加图层样式、渐变叠加、内阴影,具体参数设置如图 8-128 和图 8-129 所示。

图 8-126 镜头效果图 　　　　　　　图 8-127 效果图 4

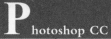

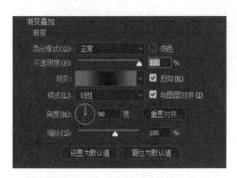

图 8-128　渐变叠加设置

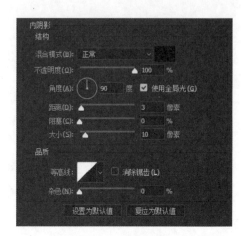

图 8-129　内阴影设置 2

② 做镜头上的色光散射效果。在"渐变叠加"选项卡中激活时,在被编辑图层上拖曳可以调整渐变的中心点,如图 8-130 所示。

图 8-130　色光散射效果与渐变叠加设置

③ 这一步骤制作镜头中的聚焦环,由两个正圆添加图层样式描边,第一个圆的描边具体参数如图 8-131 所示。并将该图层透明度调整为 40%,如图 8-132 所示。

第二个圆的描边参数设置如图 8-133 所示,并将图层不透明度调整为 60%,如图 8-134 所示。

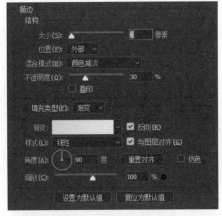

图 8-131 描边效果以及设置 1　　　　　　　图 8-132 图层填充设置 1

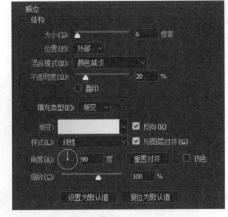

图 8-133 描边效果以及设置 2　　　　　　　图 8-134 图层填充设置 2

④ 制作的是中心的光圈,由一个黑色的正圆和上下两个椭圆形高光组成。绘制一个椭圆形填充白色,添加蒙版使用画笔工具(硬度为 0)在蒙版上涂抹得到如图的两个高光,效果如图 8-135 所示。

⑤ 最后绘制一组大的高光。方式与之前的高光绘制方法类似,不过这次采用图层样式渐变叠加制作高光,高光效果和具体参数设置如图 8-136～图 8-138 所示。

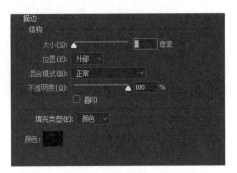

图 8-135 高光效果　　　　　　　　图 8-136 描边设置

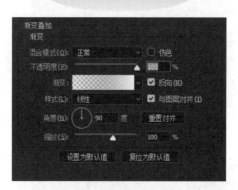

图 8-137　高光效果以及渐变叠加设置

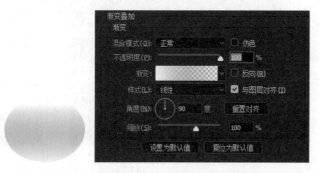

图 8-138　底端高光以及渐变叠加设置

　　(5) 拼合组件。按如上步骤顺序制作,就可以得到一个镜头了。将所有的部件都拼起来,最终效果如图 8-139 所示。

　　本节制作的拟物化图标过程相对复杂,需要有较好的美术知识基础,但无论是对于美术知识的运用和理解还是对于软件的使用都有很大的帮助和提升。希望读者能够自己尝试各种不同的风格,分析每一步的理由,制作出属于自己的作品。

　　无论是扁平化图标的简单精粹,还是拟物化图标的写实逼真,选择何种风格,取决于设计师和客户的最终预想,但只要是统一、整洁的图标就是好的设计。

图 8-139　最终效果图

创新任务设计

　　本章通过大量的实例,从扁平化到写实图标完整详细地介绍了在 Photoshop CC 中的图标制作常用技巧。希望读者通过学习掌握基本的图标制作手法,尝试动手制作图标。

图标制作：

(1) 扁平化风格图标 3 个(参考本章微信图标)；

(2) 半扁平化图标 3 个(参考本章天气图标)；

(3) 拟物化图标 3 个(参考本章写实相机图标)；

(4) 外部图标 1 个(风格不限)。

第 9 章

移动UI控件设计案例

📖 **本章学习目标**

➤ 赏析多种风格的移动 UI 控件；

➤ 理解不同控件的设计思路；

➤ 掌握不同控件的常规设计方法。

移动 UI 控件是所有移动应用的可控制组件的总称。控件提供用户与移动应用交互的接口,用户通过操作控件实现应用。移动 UI 控件包括开关、滑条、标签、按钮、复选框等。本章将通过分析不同类型优秀移动 UI 控件实例的真实设计过程,让学习者赏析和模仿不同类型移动 UI 控件的设计和制作过程,通过观察他人的作品,学习并分析其中使用了哪些关键步骤,形成哪些关键效果。这对于学习者设计软件的使用和移动 UI 设计能力的提升十分重要。

9.1 开关设计

9.1.1 系统开关设计实例

本例讲解较为简单的开关控件的设计过程,图 9-1 所示为本案例的最终设计图。其具体制作步骤如下所述。

(1) 开关分为两种状态,但两种状态都可以共用底部的凹槽,首先制作底部凹槽。分析凹槽的受光,观察阴影和高光的位置,本例的光源在顶部,如图 9-2 所示。

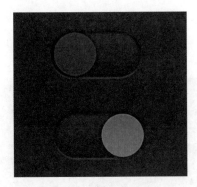

图 9-1　开关完成图

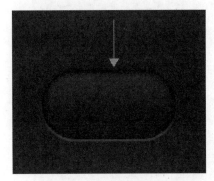

图 9-2　光源示意图

（2）使用形状工具制作一个圆角矩形，属性设置如图 9-3 所示，为其添加图层样式如图 9-4 所示，具体参数设置如图 9-5～图 9-9 所示。

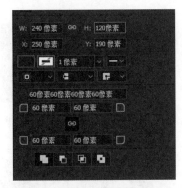

图 9-3　圆角矩形属性设置

图 9-4　圆角矩形图层样式示意图

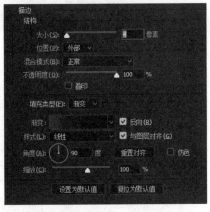

图 9-5　描边设置 1

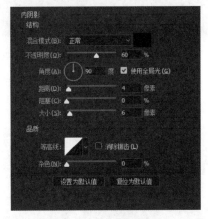

图 9-6　内阴影设置

然后，制作关闭状态下的开关，关闭状态应使用较暗的色彩以提示用户已禁用，如图 9-10 所示。该按钮的制作并不困难，使用形状工具绘制一个与凹槽相当大小的圆，使用描边体现其体积感和受光即可，效果如图 9-10 所示。添加图层样式如图 9-11 所示，具体参数设置如图 9-12～图 9-14 所示。

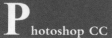

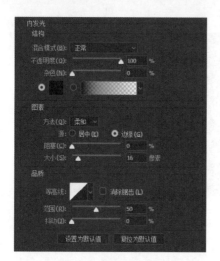

图 9-7　内发光设置 1

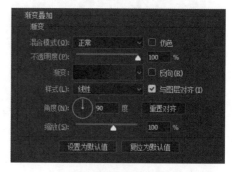

图 9-8　渐变叠加设置 1

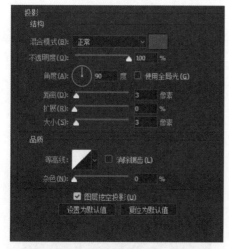

图 9-9　投影设置 1

图 9-10　关闭按钮效果图

图 9-11　椭圆图层样式示意图

图 9-12　渐变叠加设置 2

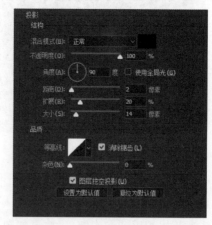

图 9-13　投影设置 2

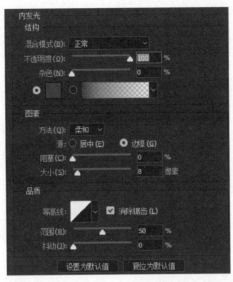

图 9-14 内发光设置 2

（3）下面制作开关的开启状态。开启状态要高亮显示，所以选择色彩时应选择较为鲜艳明亮的色彩，如图 9-15 所示。将禁用按钮的凹槽复用（切换到选择工具，按住 Alt 键拖动凹槽就可以复制一个凹槽图层），效果如图 9-15 所示。添加图层样式如图 9-16 所示，具体参数设置如图 9-17～图 9-19 所示。

图 9-15 开启按钮效果图

图 9-16 按钮图层样式示意图

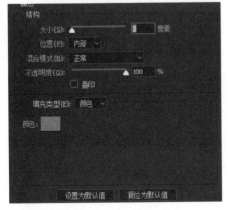

图 9-17 描边设置 2

图 9-18 渐变叠加设置 3

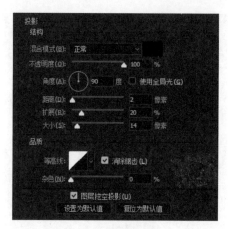

图 9-19　投影设置 3

9.1.2　开关优秀案例赏析

通过加入情绪化的表情使得整个开关设计具有了情感,更加有亲和力和趣味性,如图 9-20 所示。

扁平化的制作风格,开启和关闭状态有明确的区别,一目了然开关的功能,如图 9-21 所示。

图 9-20　趣味情绪化开关

图 9-21　昼夜开关

图 9-22 所示为简洁、美观的开关设计,线性化的开关设计使得整体风格颇具文艺气质。

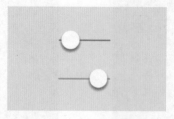

图 9-22　简洁线条开关

9.2 搜索框设计

9.2.1 常规搜索框设计实例

图 9-23 所示为一个常见的搜索框,通过本例可以了解到搜索框的制作要点和技巧。

(1)本例分为一个搜索文本框和一个搜索按钮。制作搜索框如图 9-24 所示,首先会用形状工具绘制一个圆角矩形,具体参数设置如图 9-25 所示。

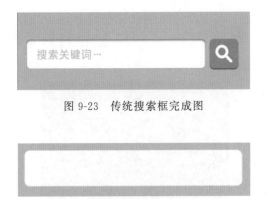

图 9-23　传统搜索框完成图

图 9-24　搜索框

图 9-25　圆角矩形属性设置

(2)为文本框添加细节阴影,效果如图 9-26 所示。为文本框添加图层样式,具体参数设置如图 9-27～图 9-29 所示。

图 9-26　搜索框效果图

图 9-27　搜索框图层样式示意图

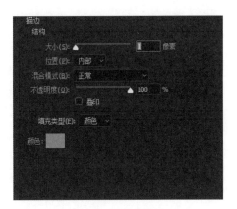

图 9-28　描边设置

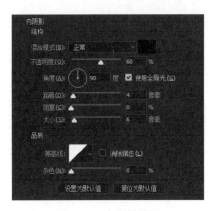

图 9-29　内阴影设置

（3）在文本框中使用文字工具添加文字"搜索关键词"如图 9-30 所示，具体参数设置如图 9-31 所示。

图 9-30　搜索框内文字

图 9-31　文字属性设置

（4）制作搜索按钮，搜索按钮由一个圆角矩形和一个放大镜图标组成如图 9-32 所示。使用形状工具制作一个圆角矩形，填充为蓝色，进一步添加图层样式并投影如图 9-33 所示，再绘制一个放大镜的图标，具体参数设置如图 9-34 所示。

图 9-32　搜索按钮

图 9-33　按钮图层样式示意图

图 9-34　投影示意图

9.2.2　搜索框优秀案例赏析

图 9-35 所示为常见的搜索框设计，少即是多，配色和造型都追求极简，抛弃了会影响用户使用的视觉元素。

图 9-36 所示为搜索框的底板制作成半透明的毛玻璃效果，整个界面显得清新，通过对字体的设计使层级区分更清晰。

图 9-35　扁平极简搜索框

图 9-36　毛玻璃效果搜索框

图 9-37 所示为立体感和光影处理非常到位的搜索框,属于偏向拟物化风格的控件。

图 9-37　拟物化风格搜索框

9.3　对话框设计

9.3.1　时尚对话框设计实例

图 9-38 所示为一个社交类软件的交互界面,其配色时尚且动感十足,希望读者通过本例能够学会从优秀的作品中分析配色模式,从而提升自己的审美和色彩感知能力。

(1)制作社交软件中的头像需要使用剪切蒙版。绘制一个圆形,然后导入头像图片放置于圆形图层上方,右键创建剪切蒙版,图层显示如图 9-39 所示。

(2)对话框制作。对话框的形状通过形状工具的圆角矩形得到的,只不过还需要制作一个"小尾巴"来指向说话者。

在绘制好的圆角矩形上使用钢笔工具在合适的位置添加一个锚点并拖曳控制杆调整,效果如图 9-40 所示。

(3)在对话框中添加文本,然后让对话框与头像对齐,如图 9-41 所示。

同理,制作其他对话框,选中对话框下半部分的锚点向下拉伸如图 9-42 所示。可以调节对话框的大小,效果如图 9-43 所示。

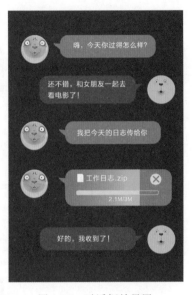

图 9-38　对话框效果图

图 9-39　剪切蒙版叠放示意图

图 9-40　锚点操作示意图

图 9-41　对齐示意图

(4)光效的制作,本例中最为精彩的就是下载文件时的进度显示,制作这个漂亮的光效呢?这里同样要使用剪切蒙版。

首先,新建一个空白图层,在对话框图层的上方,右键选择"创建剪切蒙版"选项,如图 9-44 所示。

接着,使用矩形选框工具拉出一个矩形选区,如图 9-45 所示,在选区中使用"渐变填充"选项填充青色,渐变填充设置如图 9-46 所示。

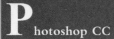

图 9-42　选中锚点

图 9-43　形状参考

图 9-44　剪切蒙版叠放示意图

·图 9-45　选区示意图

图 9-46　渐变填充设置

最后,将文本添加到对话框中,这个文件下载提示对话框就完成了,效果如图 9-47 所示。

图 9-47　下载对话框示意图

同理制作其他的对话框,完成本案例。

9.3.2　对话框优秀案例赏析

时尚的对话框如图 9-48 所示,令人眼前一亮的配色,充满动感的色彩和简洁的对话框形状,整体信息的呈现也非常合理。

图 9-48　时尚的对话框

9.4 标签设计

9.4.1 科技感标签栏设计实例

图 9-49 所示为一个具有科技感的导航栏实例,不过在开始之前希望用户自己进行分析,相信经过之前的学习用户或多或少掌握了一些技巧,那就开动脑筋仔细观察,想象如何利用已经掌握的知识来制作这个漂亮的导航栏。

本例可以拆分为底板和按钮以及光效,分别制作这些部分就可以将看似复杂的导航栏轻松地完成。

图 9-49 科技感光效导航栏

(1)首先制作底板如图 9-50 所示。使用形状工具绘制一个圆角矩形如图 9-51 所示,为其添加图层样式如图 9-52 所示,具体参数设置如图 9-53～图 9-55 所示。

图 9-50 底板效果图

图 9-51 圆角矩形属性设置

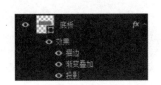

图 9-52 底板图层样式示意图

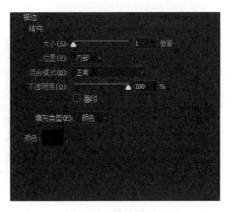

图 9-53 描边设置 1

图 9-54　渐变叠加设置 1

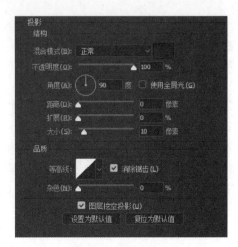

图 9-55　投影设置 1

（2）制作按钮，按钮的部分需要显示其立体感，要分析其受光，而本例除了顶光以外还有被选中按钮发出的蓝光，如图 9-56 所示。

（3）绘制一个较小的圆角矩形如图 9-57 所示，属性如图 9-58 所示，为其添加图层样式如图 9-59 所示，具体参数设置如图 9-60～图 9-64 所示。

图 9-56　光源示意图

图 9-58　按钮属性设置

图 9-57　按钮效果图

图 9-59　按钮图层样式示意图

图 9-60　描边设置 2

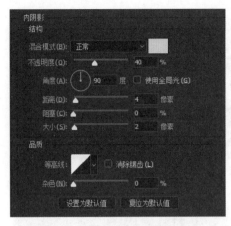

图 9-61　内阴影设置 1

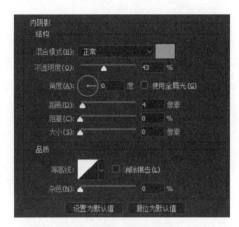

图 9-62　内阴影设置 2

图 9-63　渐变叠加设置 2

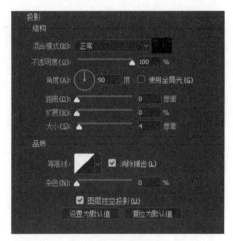

图 9-64　投影设置 2

在图 9-61 中,内阴影样式是高光部分。

这个内阴影样式是按钮自身发光投射在旁边的按钮上,因为被选中的按钮发射蓝光,所以这里的受光也需要偏蓝色。注意,内阴影角度要朝向发光的按钮方向。

最后将按钮上的图标添加在按钮中心就完成了按钮的制作。

(4)被选中的按钮与未选中的按钮有区别,现在制作被选中的按钮。复制按钮的图层,右键选择"清除图层样式"选项,为其添加新的图层样式如图 9-65 所示,具体参数设置如图 9-66～图 9-68 所示。

(5)被选中按钮的图标会发射蓝光如图 9-69 所示,图标部分需要添加图层样式,选择"图层调板"→"图层样式"选项,打开"图层样式"对话框,选择"外发光"选项,并调整参数。具体参数设置如图 9-70 所示。

(6)完成以上步骤后,整个导航栏制作基本完成,但是为了营造科技感炫酷的氛围,这里还需要加上炫酷的光效,如图 9-71 所示。

图 9-65　选中按钮图层样式示意图

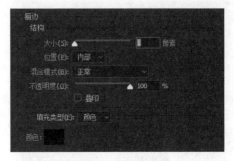

图 9-66　描边设置 3

图 9-67　渐变叠加设置 3

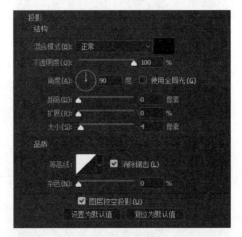

图 9-68　投影设置 3

图 9-69　外发光效果图

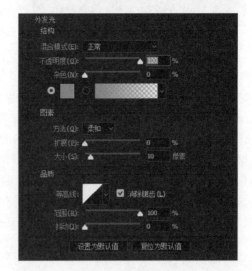

图 9-70　外发光设置

制作光效有许多方式,在这里为大家介绍一种最为简单快捷的方式。新建一个空白图层将混合模式改为柔光,如图9-72所示。

图 9-71 光效效果图

图 9-72 混合模式设置

使用画笔工具,选择硬度为零的笔刷,将前景色改为5ed0ff,在被选中按钮处画一笔,不用非常显眼,只需淡淡的光感即可。

至此,整个科技感导航栏就制作完成了。用户一定会发现本例有许多之前用过的方法,其实移动UI的制作都是有许多相似的技法可以相互借鉴的。在学习移动UI制作时,要多分析,将看似复杂的组件拆分为许多部分分步制作。

9.4.2 标签栏优秀案例赏析

创新形状导航栏如图9-73所示。突破传统的条条框框,大胆的设计了标签栏的形状,使界面变得形像生动,在用户看来这样的界面也是新颖的。

图 9-73 创新形状导航栏

图9-74所示为流畅的线性化设计,选中和未选中状态明确,简洁风格的设计往往更容易被接受。

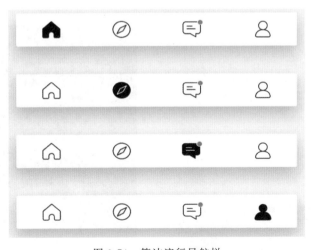

图 9-74 简洁流行导航栏

9.5 天气控件设计

9.5.1 天气控件设计实例

这里主要讲解一个时尚简洁天气控件的设计过程如图 9-75 所示。本例从制作方法上来说并不困难,通过本例希望读者能够掌握排列工具规范作品的排版方式,本例中也有许多复用资源,在移动 UI 中资源的复用非常重要。

天气控件中的天气图标是最重要的部分,而本例控件风格为扁平简洁风格,所以天气图标也都是较为简单的矢量图形。

(1)云的制作,云朵的相撞可以看作许多的圆形拼成,使用形状工具绘制多个圆形,再绘制一个矩形作为底部,如图 9-76 所示。

图 9-75　天气控件

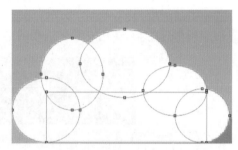

图 9-76　形状摆放示意图

(2)太阳的制作,太阳是一个圆形填充橙色并添加外发光效果,如图 9-77 所示。具体参数设置如图 9-78 所示。

图 9-77　外发光效果

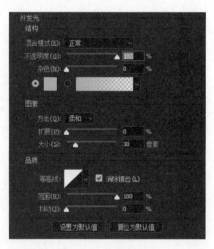

图 9-78　外发光设置

（3）小雨图标的制作，小雨滴的形状如图9-79所示。小雨图标其实是云和三个雨滴形状组成，这里只要复制云形状，再制作一个雨滴形状复制三个就可以了，如图9-80所示。制作雨滴，先绘制一个正圆，切换至钢笔工具拖曳正圆最上方的锚点并调整控制杆，得到雨滴形状。再将雨滴旋转30°，复制两个雨滴形状摆放在合适的位置，图层叠放顺序如图9-81所示。

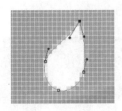

图9-79　雨滴形状参考

图9-80　图层叠放示意图

（4）多云图标制作，多云图标是由云形状和太阳组成，这里只要复用太阳和云形状摆放在合适位置即可，效果如图9-82所示。

图9-81　效果图

图9-82　外发光效果图

（5）制作控件界面，控件的底盘是一个矩形，用一张矢量风景画作为背景如图9-83所示。

（6）读者可以按照最终效果图来安排界面的排版。本例中为了符合风格采用了时尚纤细的字体（华文细黑体）。

图9-83　背景素材

在界面的制作中，文字信息的对齐非常重要，借助排列工具可以非常方便地实现文字信息的排版和对齐。选中要对齐的图层，切换到选择工具后，在菜单栏可以发现对齐工具可用，如图9-84所示，选择需要的对齐及分布方式为文字信息排版。

图9-84　对齐与分布工具栏

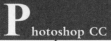
9.5.2 天气界面优秀案例赏析

如图 9-85 所示,令人眼前一亮的天气控件,背景的配色非常和谐也十分鲜明,代表了与之对应的天气,整体风格简洁大方,结合舒适的配色,是一款让人爱不释手的天气控件。

图 9-85　色彩鲜艳的天气控件

9.6　进度条设计

9.6.1　进度条设计实例

本节主要介绍一个多彩缤纷的进度条设计过程。图 9-86 所示为一款配色相当明快时尚的进度条,精心设计的进度条能够缓解用户在等待时的焦躁情绪,适合一些本身配色较为鲜艳,内容较为时尚的移动 UI。

(1) 按照之前的拆分法,可以将进度条拆分为凹槽、进度条和进度数值三部分。首先制作凹槽,经过前面的学习,读者对于制作凹槽类的组件一定有了自己的理解。使用形状工具绘制一个圆角矩形,效果如图 9-87 所示,属性设置如图 9-88 所示,并为其添加图层样式如图 9-89 所示,具体参数设置如图 9-90 所示。

(2) 制作进度条如图 9-91 所示。将凹槽图层复制,右击后,在弹出的菜单中选择清除图层样式。保持高度不变,改变其宽度。其添加图层样式如图 9-92 所示,具体参数设置如图 9-93～图 9-96 所示。

图 9-86　炫彩进度条

图 9-87　凹槽

图 9-88　圆角矩形属性设置

图 9-89　凹槽添加投影图层样式

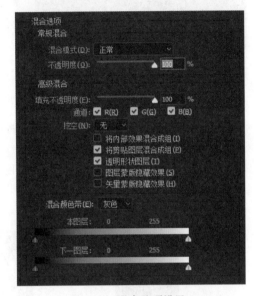

图 9-90　混合选项设置1

图 9-91　进度条效果

图 9-92　进度条图层样式

图 9-93　混合选项设置2

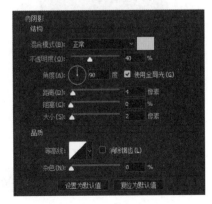

图 9-94　内阴影设置

图 9-95　渐变叠加设置

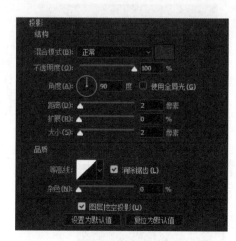

图 9-96　投影设置

（3）这里需要将"混合选项"选项卡中的"将内部效果混合成组"复选框选中。

（4）制作进度条内部的条纹，通过制作条纹来丰富进度条的细节和色彩。使用形状工具绘制一个矩形，填充颜色为 db6c1a，然后将矩形旋转一定角度得到如图 9-97 所示的形状。

（5）复制多个该形状，选择所有条纹，选择"垂直居中对齐"和"水平居中分布"选项，得到如图 9-98 所示的效果。

图 9-97　条纹形状参考

图 9-98　条纹示意图

（6）合并所有条纹图层，放置于进度条图层上方，右键选择"创建剪切蒙版"选项，图层叠放顺序如图 9-99 所示，得到如图 9-100 所示效果。

图 9-99　剪切蒙版叠放示意图

图 9-100　条纹效果图

（7）制作进度数值如图 9-101 所示。使用椭圆工具绘制一个正圆形，添加图层样式如图 9-102 所示，具体参数设置如图 9-103～图 9-105 所示。

图 9-101　数值显示

图 9-102　进度数值图层样式

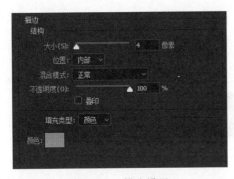

图 9-103　描边设置

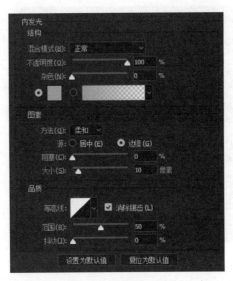

图 9-104　内发光设置

（8）最后将进度百分比数值的文本添加在上面，如图 9-106 所示。

（9）如图 9-107 所示，最后添加一个光效来提高完成度。复制凹槽图层在该图层上右击，在弹出的菜单中选择清除图层样式，将光效图层的填充改为 0，添加图层样式如图 9-108 所示，具体参数设置如图 9-109 所示。

图 9-105　外发光设置

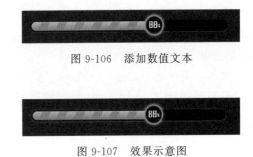

图 9-106　添加数值文本

图 9-107　效果示意图

图 9-108　光效图层样式

（10）最后删去超出进度条的光效部分，右击光效图层选择栅格化图层样式，然后将超出的部分删去，得到如图 9-110 所示效果。

掌握了方法之后，不妨尝试各种色彩的进度条，多加练习就能掌握其中的技巧。

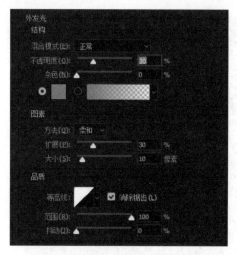

图 9-109　外发光设置

图 9-110　效果示意图

9.6.2　进度条优秀案例赏析

　　进度条不一定是长方形,只要能够表现当前工作进度,任何形状都是可以的,如图 9-111所示。

　　图 9-112 所示为全色相的配色,有着吸引眼球的缤纷色彩。虽然有如此多的色相却毫不凌乱,是值得学习的配色方式。

　　如图 9-113 所示,结合产品的内容设计代表产品形象的进度条,增加了趣味性的同时加强了用户对产品的印象。

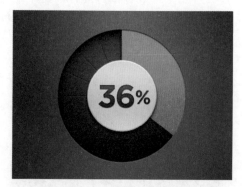

图 9-111　圆形进度条

图 9-112　多彩温度计

图 9-113　卡通进度条

创新任务设计

通过本章的学习,想必读者都已经了解了移动 UI 控件,一套符合整体界面风格而且美观有趣的控件将会为产品增色不少。本章的创新任务如下所述。

(1) 原创控件制作。

① 开关两套(临摹和原创作品各一套,包括开启和关闭两种状态)。

② 进度条两套(临摹和原创作品各一套)。

(2) 从花瓣网或站酷网挑选两种优秀的控件设计(风格和功能不限),临摹挑选的控件,并尝试设计风格相同的控件。

第 **10** 章

移动应用的界面设计案例

📖 **本章学习目标**

- ➤ 了解界面设计的要素；
- ➤ 了解移动应用界面设计的基础知识；
- ➤ 熟练掌握移动应用界面的设计。

10.1　天气界面设计

本节讲解天气界面的制作，直观、简洁、清晰明了是此款界面最大的优点，并且界面主色调与天气色调相呼应，在界面上绘制的曲线图更加强了界面的信息传达效果，如图 10-1 所示。

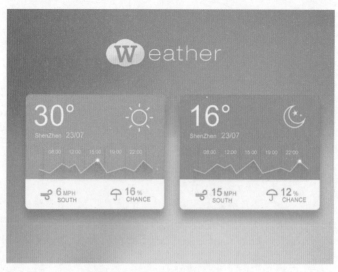

图 10-1　最终效果

10.1.1　制作背景

（1）选择"文件"→"新建"选项，在弹出的对话框中设置"宽度"为 800px，"高度"为 600px，分辨率为 72ppi，"颜色模式"为 RGB 颜色，新建一个空白画布。

（2）选择工具箱中的"渐变工具"，在选项栏中单击"可编辑渐变"按钮，在弹出的对话框中将渐变颜色更改为蓝色（R 为 84，G 为 116，B 为 229）到浅蓝色（R 为 225，G 为 222，B 为 241），设置完成后单击"确定"按钮，再单击选项栏中的"线性渐变"按钮，在画布中从上向下拖曳，背景填充渐变效果，单击面板底部的"创建新图层"按钮，新建一个"图层 1"，如图 10-2 所示。

（3）选择工具箱中的画笔工具，右击画布，在弹出的快捷菜单中选择一种圆角笔触，将大小更改为 250px，"硬度"更改为 0。

（4）将前景色更改为紫色（R 为 200，G 为 167，B 为 210），选择"图层 1"图层，在界面靠下方区域单击添加笔触效果。

（5）选择"图层 1"图层，再选择"滤镜"→"模糊"→"高斯模糊"选项，在弹出的对话框中将半径更改为 100px，设置完成后单击"确定"按钮。最终背景的效果如图 10-3 所示。

图 10-2　新建图层

图 10-3　填充渐变

10.1.2　绘制第一个界面

（1）选择工具箱中的"圆角矩形工具"选项，在选项栏中将填充更改为橙色（R 为 226，G 为 176，B 为 58），描边设置为无，半径更改为 8px，绘制一个圆角矩形，此时将生成一个"圆角矩形 1"图层，如图 10-4 所示。

（2）选择"圆角矩形 1"图层，单击面板底部的"添加图层样式"按钮，在菜单中选择"投影"选项，为图层添加投影效果，投影的设置参数如图 10-5 所示，得到如图 10-6 所示的效果。

图 10-4　绘制圆角矩形

（3）新建"图层 4"图层，用工具箱中的"矩形选框工具"绘制一个矩形，并将颜色填充为白色，将光标放置在"图层 4"与"圆角矩形 1"图层之间，按住 Alt 键，单击"图层 4"图层，如图 10-7 所示。

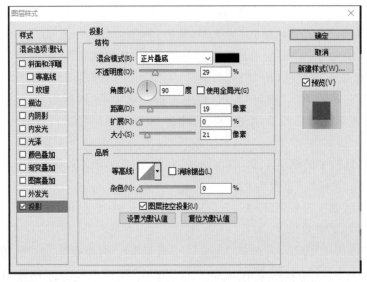

图 10-5　设置投影

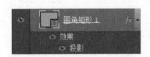

图 10-6　添加投影效果

图 10-7　新建图层

10.1.3　添加文字素材

（1）选择工具箱中的"横排文字工具"选项，在界面适当位置添加文字，如图 10-8 所示。

（2）选择"文件"→"打开"选项，在弹出的对话框中选择素材文件 sunny，将其拖曳到界面右上角并适当调整大小，如图 10-9 所示。

图 10-8　添加横排文字

图 10-9　添加素材

（3）选择工具箱中的"钢笔工具"选项,在选项栏中将填充更改为深黄色（R 为 212,G 为 166,B 为 55）,描边设置为无,粗细更改为 2px,在文字下方按住 Shift 键绘制一条垂直线段,此时将生成一个"形状 1"图层。选择"形状 1"图层,按 Alt＋Shift 组合键向右侧拖曳,将图形复制数份。

（4）同时选择"形状 1"及复制后的图层,单击选项栏中的"水平居中分布"按钮,将图形分布,最后按 Ctrl＋E 组合键,合并所有图层,留下一个"矩形 1"图层,如图 10-10 所示,可得到如图 10-11 所示的效果。

图 10-10　绘制图形 1

图 10-11　分布图形

（5）选择工具箱中的钢笔工具,在选项栏中单击"选择工具模式"按钮,在弹出的选项工具栏中选择"形状"选项,将填充更改为无,描边设置为白色,大小更改为 2px,绘制一个不规则线段,此时将生成名为 line 的图层,如图 10-12 所示,可得到如图 10-13 所示的效果。

图 10-12　新建图层 line

图 10-13　绘制图形 2

（6）单击面板底部的"创建新图层"按钮,新建一个图层,命名为"阴影"。

（7）选择工具箱中的"多边形套索工具",沿线段位置绘制一个不规则选区。

（8）将选区填充为黄色（R 为 224,G 为 158,B 为 44）,填充完成后,按 Ctrl＋D 组合键将选区取消。

（9）选择工具箱中的"椭圆工具"选项,在选项栏中将填充更改为白色,描边设置为无,在不规则线段定段位制按住 Shift 键绘制一个正圆图形,此时将生成名为"椭圆 1"的图层。

（10）在"图层"面板中,选择"椭圆 1"图层,将其拖曳至面板底部的"创建新图层"按钮上,复制名为"椭圆 1 副本"的图层,如图 10-14 所示。

（11）选择"椭圆 1 副本"选项,将图层的不透明度更改为 31%,按 Ctrl＋T 组合键对其执行"自由变换"命令。当出现变形框后,按 Alt＋Shift 组合键,将图形等比例放大,最后按 Enter 键。最终效果图如图 10-15 所示。

图 10-14　复制图层

（12）选择工具箱中的"横排文本工具"选项,在刚才绘制的图形位置添加文字,如图 10-16 所示。

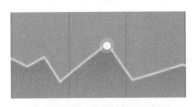

图 10-15　绘制图形 3　　　　　　　　图 10-16　添加文字 1

(13) 选择"文件"→"打开"选项,在弹出的对话框中选择素材文件"图标 1""图标 2",将打开的素材拖曳到画布中界面靠底部的位置并适当缩小,如图 10-17 所示。

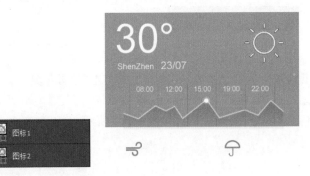

图 10-17　添加素材

(14) 选择工具箱中的"横排文字工具"选项,在素材图表的右侧位置添加文字,如图 10-18 所示。

(15) 同时选择除"背景""图层 1"之外的所有图层,按 Ctrl+G 组合键将图层编组,将生成的组名称更改为 1,如图 10-19 所示。

图 10-18　添加文字 2　　　　　　　　图 10-19　将图层编组

(16) 选择工具箱中的"横排文字工具"选项,其中 W 颜色为蓝色(R 为 127,G 为 158,B 为 249),eather 为白色,字体为 Arial、图标 3 图层为导入的素材文件,如图 10-20 所示。

(17) 第二个界面的设计方法与第一个界面的设计方法相同,需要更改颜色即可,这里不进行具体解释,最终的效果如图 10-21 所示。

图 10-20　添加文字 3

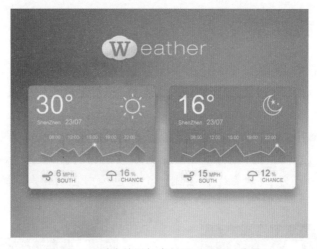

图 10-21　删除并添加素材图形后的最终效果

10.2　闹钟界面设计

本节讲解闹钟界面的制作,直观、简介、清晰明了是此款界面最大的优点,界面的主色调为蓝色,对人眼有一定的视觉冲击力,在界面中绘制的时间表盘更是加强了界面信息传达的效果,能更加强烈的提醒用户当前时间,最终效果如图 10-22 所示。

10.2.1　制作背景

（1）选择"文件"→"新建"选项,在弹出的对话框中设置宽度为 640px,高度为 1136px,分辨率为 72ppi,"颜色模式"为 RGB 颜色,新建一个空白画布,并将此画布图层命名为"矩形 1"。

（2）将背景色更改为蓝色（R 为 53,G 为 175,B 为 198）,用工具栏中的油漆桶工具,填充画布为蓝色。

（3）复制矩形 1 图层,并选择工具箱中的"矩形工具",选

图 10-22　最终效果

项栏中的填充颜色不变,仍然为蓝色,描边设置为无,半径设置为无,绘制一个矩形,此时将生成一个矩形1副本图层,如图10-23所示。

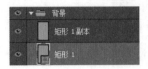

图10-23　绘制矩形

10.2.2　绘制界面内容

(1) 在图层面板中,新建闹钟提醒组,如 。选择"文本工具"选项,字体使用Adobe黑体Std,创建闹钟提醒文本层,利用工具箱中椭圆工具和直线工具绘制设置图形,如图10-24所示。

(2) 在图层面板中,新建时钟组 。选择工具箱中的"椭圆工具"选项,按住Shift键,绘制正圆,并将正圆填充为颜色稍深的蓝色(R为27,G为123,B为141),并将此图层命名为"外表盘",再绘制一个颜色为白色的正圆,命名为"内表盘",如图10-25所示。

图10-24　绘制"设置"图形

图10-25　填充颜色

(3) 新建图层中间点,使用椭圆工具+Shift键,绘制一个小正圆,填充为黑色,在新建图层时针选择工具栏中的"圆角矩形工具"选项,绘制一个圆角矩形,颜色填充为黄色(R为249,G为194,B为49),同理在制作一个"分针"的图层,颜色填充为绿色(R为54,G为186,B为85),时针和分针之间的角度可以任意调整,这里的角度定为90°,如图10-26所示。

(4) 在图层面板中新建刻度组,用工具箱中的矩形工具,绘制4个小矩形并填充为黑色,使用椭圆工具+Shift键,绘制8个小圆,如图10-27所示。

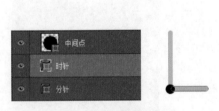

图10-26　绘制指针图形

图10-27　绘制小圆

(5) 在图层面板中新建3个组和一个图层,命名和排列顺序如图10-28所示。

(6) 在时组中新建6个图层,选择工具箱中的"横排文字工具"选项,分别在相应的图层添加"时""12""13""14""15""16"文字,并将图层 12,13,14,15,16 的透明度依次调整为 30%,60%,100%,60%,30%。分组的制作方法与时组一致,最终效果如图 10-29 所示。

图 10-28　编组及新建图层

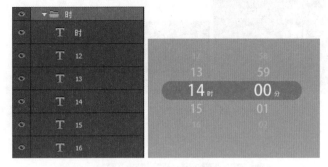

图 10-29　新建文字图层并调整相应透明度

(7) 新建设置提醒按钮组,并在当前组下新建文本图层——设置提醒,选择工具箱中的"圆角矩形工具"选项绘制横放的圆角矩形,双击图层,添加描边效果,描边所设的参数如图 10-30 所示,可得到如图 10-31 所示的效果。

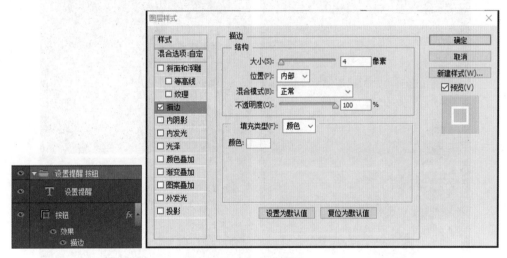

图 10-30　添加描边

(8) 新建电池容量条组,在当前组下新建左组、右组,并创建"4:21 PM"的文本图层,如图 10-32 所示。

图 10-31　描边效果

图 10-32　新建组

(9) 右组中,利用工具箱中的形状工具,绘制一个蓝牙形状、两个矩形形状,调整大小和位置,左组绘制的方法与右组类似。绘制图形如图 10-33 所示,可得到如图 10-34 所示的效果。

图 10-33　绘制图形

图 10-34　添加文字及导航栏效果

10.3　音乐播放器界面

本节讲解音乐播放器界面的制作,最终效果如图 10-35 所示。

图 10-35　最终效果

10.3.1　音乐播放器主界面设计

（1）选择"文件"→"新建"选项,在弹出的对话框中宽度设置为 640px,高度设置为 1136px,分辨率设置为 72ppi,颜色模式设置为 RGB 颜色,新建一个名为"背景"的空白画布。

（2）复制背景图层，利用 Camera Raw 滤镜，通过调整色温、色调、曝光、对比度等参数，调整参数图如图 10-36 所示，得到最终如图 10-37 所示背景图。

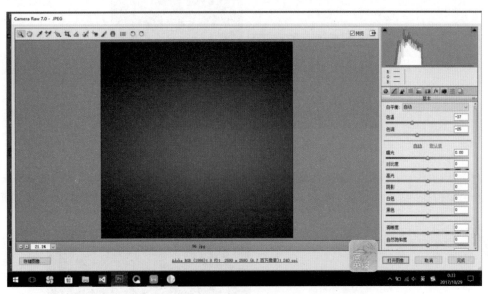

图 10-36　打开 Camera Raw 滤镜调整参数

（3）在图层面板中，新建单曲组，在当前组下新建电池电量条组、顶部导航组以及 Beyond 海阔天空组，如图 10-38 所示。

（4）电池电量条这里将不再讲述，顶部导航组只有一个 Beyond 海阔天空文本层，用工具箱中的横排文字工具即可，如图 10-39 所示。

图 10-37　背景图效果

图 10-38　新建组

图 10-39　添加文字

（5）Beyond 海阔天空组中包括 6 个小组，在头组中，包括 6 个文本层、1 个图片层和 1 个圆角矩形层，如图 10-40 所示。

图 10-40　新建圆角矩形层

　　(6) 新建图层 Beyond,选择菜单栏中的"置入"选项,将鼠标放在 Beyond 层与圆角矩形 1 层的中间位置,按住 Alt 键,单击 Beyond 层,即可让 Beyond 层按照圆角矩形 1 层的形状显示,如图 10-41 所示。

图 10-41　添加素材

　　(7) 歌词组内,基本为文本图层,选择工具箱中的"横排文本工具"选项即可进行文字添加,界面右上角的向左箭头 ⬅ 是用形状工具绘制的。

　　(8) 进度条组由播放进度条、播放显示条和一个文本层构成。播放进度条由工具箱中的圆角椭圆工具绘制,颜色填充为橙色(R 为 254,G 为 126,B 为 0),播放显示条颜色为白色,置于下层,如图 10-42 所示,可得到如图 10-43 所示的效果。

图 10-42　绘制图形

图 10-43　填充颜色

　　(9) 快退、快进、播放组制作方法类似,如快退组,由两个形状层组成,使用工具箱中的椭圆工具＋Shift 键,绘制一个正圆,适当调整大小和位置,将透明度设置为 30%,如图 10-44 所示。播放键由两个三角形构成,颜色填充为白色,透明度 100%,可得到如图 10-45 所示的效果。

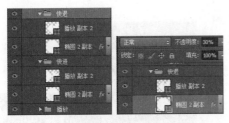

图 10-44 绘制正圆

图 10-45 填充颜色并调整透明度

10.3.2 top10 界面设计

（1）top10 界面由 9 个组构成，如图 10-46 所示。其中，电池电量组与背景组的制作已在前面的章节介绍，这里不再解释。

（2）顶部导航组中，使用工具箱中的横排文本工具即可添加文本，使用的字体为 Adobe 黑体 Std，如图 10-47 所示。菜单层由工具箱中的矩形工具绘制而成，填充颜色为白色，可得到如图 10-48 所示的效果。

图 10-46 新建组

图 10-47 添加文字

图 10-48 填充颜色及顶部最终效果

（3）下拉菜单组，两个层均由形状工具绘制而成，下层为椭圆工具，填充颜色为棕褐色（R 为 112，G 为 69，B 为 8），如图 10-49 所示。

（4）下面的 5 个组，图 10-50(a)所示为歌单，制作方法类似，这里以海阔天空（Beyond）歌单制作为例，详解制作过程，如图 10-50(b)所示。本组中的子组（歌词、进度条、快进、快退、播放）在 10.3.1 节中已介绍，这里不再讲述。

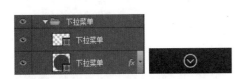

图 10-49 绘制正圆及填充颜色

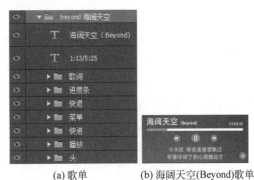

(a) 歌单 (b) 海阔天空(Beyond)歌单

图 10-50 添加文字

（5）在头组中，新建椭圆 1 图层，使用工具箱中的椭圆工具＋Shift 键绘制正圆，颜色填充为白色，导入音乐图标，调整大小和所放的位置，复制椭圆 1 图层，命名为 beyond，导入图片，将鼠标放置在两个 beyond 层之间，按住 Alt 键，用单击上层 beyond，即可让上层 beyond 按照下层 beyond 的形状显示，图层结构图和效果如图 10-51 所示。

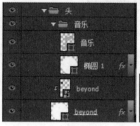

(a)图层结构图　　　(b)效果图

图 10-51　添加素材

10.4　加载条界面设计

本例讲解下载数据时数据界面加载条的制作，整个界面主要以文字为主要表现力，通过醒目的文字及环形进度条，向用户展示当前数据的下载情况。最终效果如图 10-52 所示。

图 10-52　最终效果

10.4.1　制作背景并绘制状态栏

（1）选择"文件"→"新建"选项，在弹出的对话框中设置宽度为 400px，高度设置为 300px，分辨率设置为 72ppi 的 background 图层。

（2）复制 background 图层，选择工具箱中的"矩形选框工具"选项，绘制一个同背景大小相同的矩形，选择"渐变填充"选项，填充颜色设置为蓝色（R 为 43，G 为 63，B 为 86）和深蓝色（R 为 44，G 为 64，b 为 90），单击 fx 按钮添加图层样式为内阴影和渐变叠加，如图 10-53 所示。

（3）选择工具箱中的"椭圆工具"选项，在选项栏中将填充更改为蓝色（R 为 41，G 为 79，B 为 114），描边设置为无，按住 Shift 键绘制一个正圆图形，将生成的图层命名为 outer_circle，选中此层，将其拖曳至面板底部的"创建新图层"按钮上，复制一次，命名为 outer_circle，颜色更改（R 为 45，G 为 64，B 为 92）。

（4）新建图层，命名为 edge_shadow，选择"钢笔工具"选项，绘制一个三角形，将路径变为选区，选择工具箱中的"渐变工具"选项，填充浅黑到浅灰的渐变，如图 10-54 所示。

图 10-53 添加内阴影和渐变叠加效果

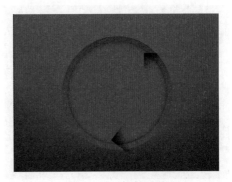

图 10-54 复制图层

（5）复制 edge_shadow 图层，调整角度和位置，如图 10-55 所示。

（6）复制 outer_circle 图层，并命名为 outer_circle，并单击面板底部的 fx 按钮，为图层添加渐变叠加的图层样式，具体参数设置如图 10-56 所示。

图 10-55 填充渐变

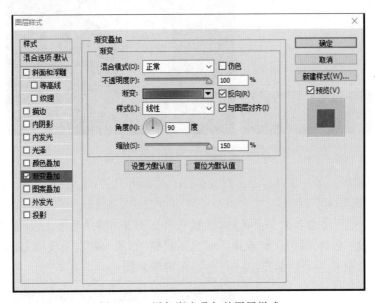

图 10-56 添加渐变叠加的图层样式

（7）复制图层 outer_circle，此时会有一个名为"outer_circle 副本"的新图层，将此图层的颜色更改为白色（R 为 255，G 为 255，B 为 255）。按住 Alt 键，单击各个图层，如图 10-57 所示，可得到如图 10-58 所示的效果。

图 10-57 复制图层

（8）新建图层 lines，选择工具箱中"直线工具"选项，绘制直线，通过 Ctrl＋T 组合键自由变化，调整方向；按 Ctrl＋Shift＋T 组合键，进行移动复制图形；再按 Ctrl＋Shift＋Alt＋T 组合键，按照移动的方向，延续复制，最终将整个圆环均分成 16 份，如图 10-59 所示。

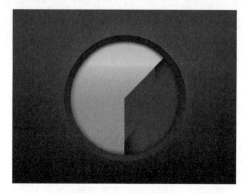

图 10-58　填充效果

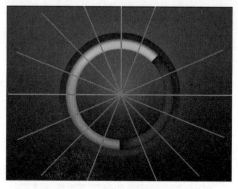

图 10-59　绘制直线及延续复制

（9）在当前图层 lines 的组中，为组添加一个适量蒙版，蒙版内容为一个白色的圆，如图 10-60 所示。

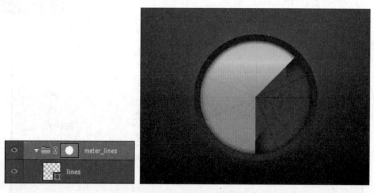

图 10-60　添加蒙版

（10）复制图层 outer_circle，命名为 top_circle，如图 10-61(a)所示。按 Ctrl＋T 组合键进行自由变化，调整大小。

（11）新建图层，并命名为 highlight，通过选择工具箱中的“椭圆工具”选项，按住 Shift 键，绘制一个正圆，选择“滤镜”→“模糊”→“高斯模糊”选项，在“高斯模糊”对话框中，设置高斯模糊半径为 1.0px，可得到如图 10-61(b)所示的效果图。

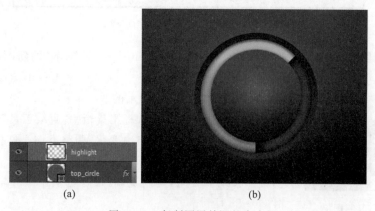

(a)　　　　　　　　　　　　　　　(b)

图 10-61　复制图层并调整大小

10.4.2 添加文字

（1）选择工具栏中的"横排文字工具"选项，在图形上添加文字，将 67％的字号设置为 48 点，字体设置为 Stencil Std，并单击 fx 按钮添加斜面和浮雕、渐变叠加、投影样式，具体参数设置如图 10-62～图 10-64 所示。

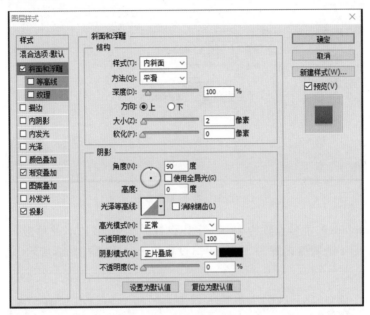

图 10-62　添加文字及斜面和浮雕的参数设置

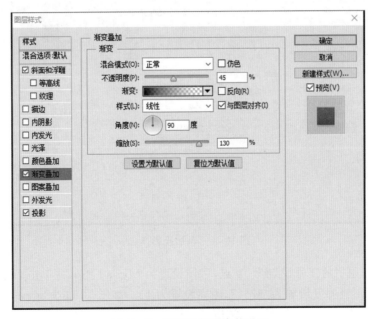

图 10-63　渐变叠加的参数设置

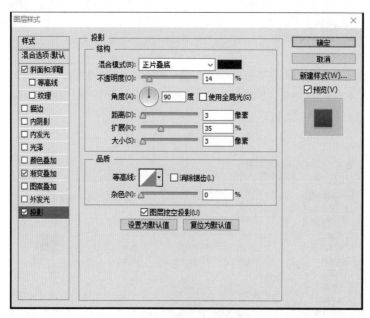

图 10-64   投影的参数设置

（2）将 complete 的字号设置为 19 点，字体设置为 Myriad Pro，并单击 fx 按钮添加投影样式，将样式中的不透明度设置为 37%，距离设置为 1px，如图 10-65 所示。

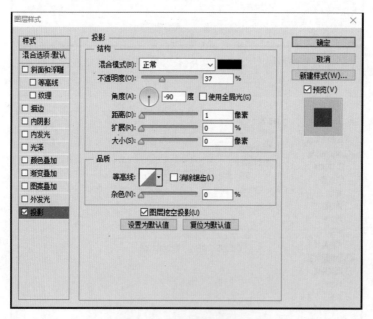

图 10-65   添加投影样式

（3）将…图层中的字号设置为 19 点，字体设置为 Myriad Pro，并单击 fx 按钮添加投影样式，样式中的不透明度设置为"37%"，距离设置为 1px，如图 10-66 所示。

加载条的文字相关图层如图 10-67 所示。

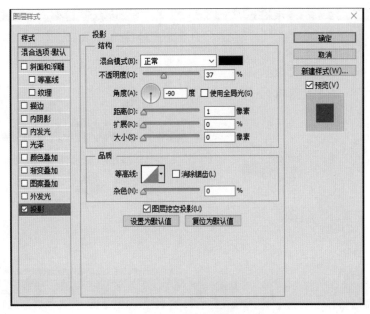

图 10-66 添加投影样式

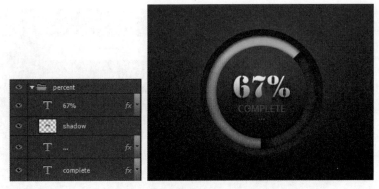

图 10-67 加载条的文字相关图层

创新任务设计

任务 1：智慧校园 App 界面

本任务主要练习 App 类的界面设计，用来考查学生对素材的运用、字体字号的选择以及界面的排版设计的掌握情况，最终效果图如图 10-68 所示。

任务 2：流行 App 的个人界面

本任务主要练习概念手机界面的制作。本任务的制作过程看似简单，却需要一定的能力。由于是概念类手机界面，在绘制的过程中要强调它的特性，如绘制的界面需要适应更窄的手机边框等，都能很好地表达这款界面的定位，最终效果如图 10-69 所示。

图 10-68　智慧校园 App 界面效果图

图 10-69　概念手机界面效果图

第**11**章

移动UI设计的
全流程设计案例

📖 **本章学习目标**

◀ 了解真实移动应用项目界面设计的全流程设计过程。

11.1 "口袋工程"校园移动应用设计案例

该项目的目标是设计一款满足高校师生需求的校园移动应用,解决学生借还书、查课表、查成绩、周边购物等实际问题。

11.1.1 需求分析

大学生群体的存在,催生了高校移动应用的需求。调查资料显示,大学生最喜爱的社交媒体依次为QQ、微信和新浪微博,它们分别以82.6%、77.7%、52.0%的支持率位列前三。大学生对社交媒体的喜爱程度与其使用频率成正比,即大学生使用频率越高的社交媒体越受到大学生群体的喜爱。近几年,随着"互联网+"的推广,各学校信息化深入开展,校园App时机成熟,应运而生。

智慧校园是最近几年来经常提起的一个热门词,指充分利用现有资源,构置一个具有"思考"的网络环境,对各类配置及应用可以进行智能选配,让用户获取最佳的用户体验。智慧校园无疑是数字化校园的一个进阶方向,在网络方面并不是采用单一的教育网或电信网络,而是采用多条线路综合的使用的方式。对于应用系统,更多是整合和融合,简化烦琐重复的事项,尽力体现以人为本的思想。

　　国内大多数高校尚未拥有自己的综合性移动应用终端,仅少数如清华大学、复旦大学、四川理工大学等,高校拥有自己的综合性能力应用,但未来高校拥有自己的综合性移动终端必将是一大趋势。功能性的 App 如雨后春笋般层出不穷,其主要特点是功能专一,跨校园。

　　校园移动应用的快速发展一个重要原因不容忽视,那就是学生自身的需求与创造力。"这个世界上本没有路,走的人多了也便成了路",在校大学生思想活跃,学习能力强,具有很强的创造能力和从事创造性工作的意愿。开发 App 的相关技术发展成熟,且对专业基础要求不高,非专业人士通过一段时间的学习也可掌握。事实上,对各高校内流行的 App 调查表明,其开发团队人员并不仅限于计算机相关专业,甚至很多文科专业学生也参与到其中。近年来国家相继出台多项政策鼓励大学生创新创业,这在客观上调动了大学生发现身边商机自主创业的积极性,事实上国内首款本地化的高校 App "Hold 住重大"就是由一些在校创业大学生研发而成并已取得一定经济效益,很多高校学生自主研发的校园 App 也由于拥有大量用户而受到周边商家的关注,也有部分企业表示出对此类产品的收购意向。校园 App 近年来发展迅速,呈现出方兴未艾之势。未来校园 App 的功能将不仅限于提供校园本地信息服务,而向着多功能的校园资讯平台方向发展,以往团购、电子商务网站和 App 的部分功能都可能被整合进来但参与合作的商家本地化程度会更高。此外,现有的校园 App 以文字和少量图片为主,校园无线网络和手机的发展将为校园 App 提供更多的表现形式,使其能够承载音频、视频等更多形式的信息。

11.1.2　竞品分析

　　竞品分析的内容可以由两方面构成:客观和主观,即从竞争对手或市场相关产品中,圈定一些需要考察的角度,得出真实的情况。此时,不需要加入任何个人的判断,应该用事实说话,是一种接近于用户流程模拟的结论,如可以根据事实(或个人情感),列出竞品或自己产品的优势与不足。因为在分析别人的产品的同时,实际上是经历了一遍用户流程。竞品分析对于策划环节来说是必需的。它是一份具有实际参考价值的导向性手册,甚至起到功能文档的效果。有时,竞品分析的科学与详尽程度,会直接影响策划人员的发挥水平。所以,如果竞品分析并非出自核心策划人员之手,那么策划人员也要亲自去分析,只不过不用把它从头到尾整理成文档,只需要在原来的基础上完善即可。

　　当商业网站开始出现时,零售店就面临着一种新的竞争方式。突然之间,竞争者就潜伏到了每一角落。这种情况仍然存在。因此,理解竞品是为了想了解受众用户的需求。在互联网上,竞争几乎存在于任何能够吸引并保持用户的注意力的站点之间。了解了受众是如何支配时间以及如何做出决策之后,就可以预料到其他站点或技术是如何吸引用户注意力的,从而就可以从那些方面展开调查。

1. 竞品——广工校园通

1) 功能架构

　　广工校园通 App 是一款方便校园生活的客户端应用,在线就可查询图书馆内的图书、发布失物招领、随时了解校园新闻动态、在线与校友互动聊天,方便实用,如图 11-1 所示。其主要功能包括以下 7 点。

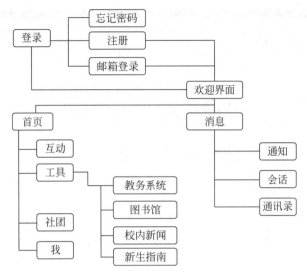

图 11-1　广工校园通架构

（1）展示全校的社团动态，并可以与社团聊天。

（2）互动平台：支持记录生活点滴如广工知道、专业交流、组队走起。

（3）教务系统：支持查询课程表、考试时间、成绩等情况，还支持一键评价。

（4）查图书馆：支持预约、续借、收藏、查楼层等功能。

（5）失物招领：可以随时随地查看和发布失物招领信息。

（6）校园新闻：可查看校内通知、各类信息、校内简讯。

（7）兼职就业：可查看最新的宣讲会和招聘信息。

2）色彩风格

整体色彩风格偏卡通色，如图 11-2 所示。除饱和度相同的各种辅色外，主色为蓝色，蓝色非常纯净，通常让人联想到海洋、天空、水、宇宙。纯净的蓝色表现出一种美丽、冷静、理智、安详与广阔。由于蓝色沉稳的特性，具有理智、准确的意象。在商业设计中，强调科技、效率的商品或企业形象，大多选用蓝色作为标准色、企业色，如计算机、汽车、复印机、摄影器材等。将蓝色应用于校园应用，只是基于理智的代表意义。背景设置全部为白色，白色是一种包含光谱中所有光的颜色，通常被认为是无色的。白色的明度最高，无色相。白色明亮干净、畅快、朴素、雅致与简洁。但它没有强烈的个性，不易引起视觉冲突，因此常作为衬托。

3）分析启示

（1）优点。

① 口号响亮，"我们自己的校园通"彰显个性。

② 功能涵盖齐全，涉及生活、学习、就业等方面，能与学长学姐沟通和学习经验。

③ 注册登录过程中，需要发送短信验证码，虽是一款专门针对广工的校园应用，但非本校人员亦可使用（限于部分功能）。

④ 布局简洁鲜明，色彩应用不烦琐，不冲突。

（2）缺点。

① 数据更新不及时。

图 11-2 "广工校园通"App 截图

② 功能虽全但过于分散。

③ 大部分色彩为设置色,基本无真图。

(3) 启示。

① 有一个朗朗上口的口号,同时要体现出"校园"的因素。

② 功能齐全,且信息更新准确及时。

③ 布局简单清新,且包括假图和真图。

④ 登录方式不用学号这种限制性的方式,应用面向对象不仅限于在校师生,还应使进入学校的大一新生与校外人员亦可登录使用,因此采用通用的手机、邮箱方式,不仅容易记住,不限人员,而且还是对学校的变向宣传。

2. 竞品——闲鱼

1) 功能架构

闲鱼是阿里巴巴公司旗下闲置交易平台 App,如图 11-3 所示。会员只要使用淘宝或支付宝账户登录,无须经过复杂的开店流程,即可完成包括一键转卖个人淘宝账号中已买到宝贝、自主手机拍照上传二手闲置物品、在线交易等。下载并使用全新概念的闲鱼 App,个人卖家能获得更大程度的曝光量、更高效的流通路径和更具优势的物流价格三大优势,让闲置的宝贝以最快的速度奔赴新主人手中。此外,闲鱼平台后端已无缝接入淘宝信用支付体系,从而最大限度地保障交易安全。

(1) 一键转卖,使用淘宝的账号体系的用户可以一键转卖在淘宝上已经购买的物品,物品的原价、名称、主图都会自动添加,用户只要输入转让即可。

(2) 为商品添加语言描述使买家感觉更真实,既提高了商品信息的清晰度,也能免去卖家发布商品打字时的不便。

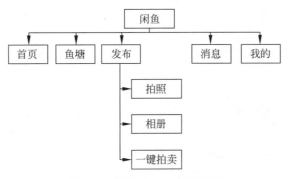

图 11-3　闲鱼 App 应用架构图

（3）交易前聊一聊，通过该平台买家可以向卖家咨询商品的详细信息，增大了商品信息的完整性，同时还支持在线砍价。

（4）鱼塘是地理位置上的一个用户聚集区，不仅能促进同社区乃至同城市的交易，还能提高用户黏度。

（5）新增的面交功能，买卖双方选择见面交易时，在卖家完成"扫码收款"后，交易状态自动更新为交易成功；若买家未在发起见面交易预约的 3 天内付款，则交易自动关闭，订单取消。

2）色彩风格

闲鱼 App 应用截图如图 11-4 所示，整体风格是扁平化风格，黄色为主视觉色调，配色为小清新彩色，是目前 App 风格设计众趋的方式。黄色给人轻快，充满希望和活力的感觉。使用黄色有几个变化，从淡黄色（乳酪色）到柠檬色再到金黄色。黄色作为暗色调的伴色也非常好，可以有类似于红色和橙色的那种不用加粗就可以吸引目光的效果。

图 11-4　闲鱼 App 应用截图

3) 分析启示

(1) 优点。

① 功能专一,因此在二手这一功能上开发的深度较大,更加全面。

② 能够为用户个人买卖提供完整的公共服务,有着简洁、高效的商品发布和商品浏览、购买流程。

③ 清晰的设计、合理的界面布局和准确的信息展示。

(2) 缺点。

大件物品的运输依然是个问题,多数是同城交易。

(3) 启示。

① 方便快捷地发布商品,将信息放入醒目的位置。

② 刷新功能,每天擦亮宝贝,提升商品曝光度。

③ 允许用户实时评论与分享。

11.1.3　交互架构设计

交互框架是指将交互原型的概念以框架形式展现,并尝试研究其功效的一种表达与构建方式。一个优秀的框架的设计过程是建立合理的等级系统架构的过程,将功能按照用户熟悉的、易理解的方式进行分类,并建立其层次关系,这和网站架构的建立在某些方面是类似的。在进行框架设计时,深度和广度的平衡要考虑的因素非常多。从产品层面来说,包括产品的核心功能、内容使用频率、内容组织的有效性。从用户层面来说,有用户操作的熟练程度。交互框架的建立是移动应用交互原型建立的第一步。想象一下用户第一次使用移动应用,就像走进一个未经探索与开发的迷宫,为了找到所需要的功能,在一切未知的情况下,只能顺着层级寻找,在不断进入新界面的同时,也有可能迷失方向。

本款校园 App 的交互框架图如图 11-5 所示,采用深度优先结构,将 App 的主要功能放在首页,减少了用户在主界面选择功能时找不到自己需要的功能的情况。这样,用户不必在初始使用状态下经历多次尝试,同时也给屏幕留下更多空间。

11.1.4　导航设计

1. 引导页

App 设计者假设用户会希望了解这个 App 到底是什么? 能干什么? 怎么用? 所以要做引导页来回答用户的这些问题。

口袋工程这款 App 的引导页是功能介绍型,如图 11-6 所示。从整体上采取平铺直叙型的方式介绍 App 具备的功能,帮助用户了解 App 的概况。引导页数量越少越好,最多不超过 5 页,因为仅仅第一次安装应用时才会用到,页数过多是一种资源浪费。引导页文字说明要简洁,凡是与主题无关就删减。背景图的设计应用纯色渐变效果,颜色呼应主体色,背景上方设置手机外形图,选择校园内不同角度作为原图嵌入其中,使用户分分钟就能掌握 App 的作用范围。用户在此阶段还可选择直接进入主界面。

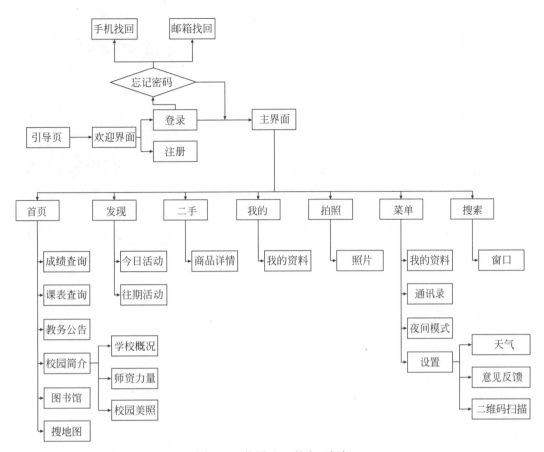

图 11-5　校园 App 的交互框架

(a) 引导页的第一页

(b) 引导页的第二页

(c) 引导页的第三页

图 11-6　口袋工程 App 引导页

2. 欢迎界面

因为客户端第一次打开时都是需要和服务器端连网获取数据的,受制于网络,所以不可能做到打开就能使用。当然,第二次打开时可以采用缓存的方式快速进入。使用欢迎界面的作用其实是一个"缓冲",在连网获取数据的过程中不能让用户等太久,设计师们就想到了一种分散用户注意力同时告知用户程序进入中的界面。

口袋工程欢迎界面如图 11-7 所示,设计欢迎界面为直接进入式,加载选项避免给用户造成网络慢速的心理压力。其 Slogan 为 P,对应的是外部 Logo(标志)。背景为纯色渐变,与下述的 Logo 一致,采用主体色蓝色,突出白色标语。

图 11-7　口袋工程欢迎界面

11.1.5　按钮设计

1. 内部图标

制作图标时,使用的方法是临摹,首先将草图导入,新建图层设置为背景透明色,然后使用铅笔和形状工具进行轮廓的勾勒,形状工具用来勾勒规则形状,铅笔工具用来补充不规则形状,同时也会用吸管工具将上个页面的颜色吸取,再进行勾勒,如图 11-8 所示。

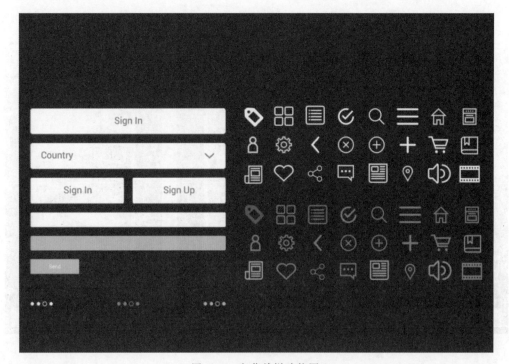

图 11-8　主菜单栏功能图

同一套图标的风格应该是一致的,这也是交互六原则中反复提出的。即便是选择几种不同配色的设计,也应该在灰度明度饱和度上保持一致。图标要便于记忆。与文字形式存在的概念化相比,用户更容易记住以视觉形式存在的事物,因此图标相对文字而言,易于被用户所记忆。所有的图标设计遵循系统操作平台所设定的图标大小。

2. 外部图标

本应用中的启动图标采用了当下流行的扁平化风格,造型上以简约为主,由于是校园专属应用,应用名称为口袋工程,英文翻译为 Pocket Polytechnic,所以选了 P字母隐喻。色彩上采用主色蓝色,采用纯色渐变效果,背景上用一抹白色字母点亮整个 Logo,如图 11-9 所示。

图 11-9 "口袋工程"外部图标

11.1.6 界面设计

1. 注册登录界面

App 登录需要解决的问题有安全和体验。它们分别对应登录过程的用户认证和用户登录过程操作复杂度两个问题。

(1) 登录过程的用户认证,常见的手段有密码加密传输、动态密码、验证码等。

(2) 减少用户输入次数的自动登录。

在制作过程中,使用移动工具可以对 Photoshop 里的图层进行移动;使用矩形选择工具可以在图像上选一个矩形的范围,一般多用于规则形状的选择;使用椭圆选择工具可以在图像上选一个矩形的范围,一般多用于规则区域的选择;使用单行选择工具可以对图像在水平方向选择一行像素,一般用来比较细微的选择。

启动页面结束后跳转至登录选择界面,首次使用本应用应单击底部字体"注册"如图 11-10 所示。进入注册页面如图 11-11 所示。用户可使用手机号或常用邮箱注册,也可以选择三方登录。注册之后返回登录界面,输入用户名和密码即可登录,如图 11-12所示。

当用户某一次退出登录后再登录时,如果忘记密码,单击"忘记密码,点击此处"即可出现找回密码选项,如图 11-12 所示。有两种方式可供选择,一是手机找回;二是邮箱找回,如图 11-13 所示。

在登录界面设计过程中重点使用了蒙版工具。使用蒙版工具过程中,白色代表被选中的区域,含有灰度的区域则是部分选取,或者说是该区域的不透明度介于 0～100。以图层蒙版为例,不对原图做修改。可设想蒙版全为白色,相对的整幅图被蒙版遮盖则在颜色通道中蒙版为黑色,如果想遮盖某一部分,则用画笔(前景黑色)进行涂抹,那么被涂的部分上面就有一层蒙版,如果想去掉某部分蒙版,则只需用前景色为白色的画笔进行涂抹。下面界面中的模糊效果均使用此方法。

图 11-10　登录选择

图 11-11　注册

图 11-12　登录

图 11-13　找回密码

2. 主界面

进入主界面,4个二级界面导航栏均设置颜色为蓝色,采用菜单式导航和选项卡式导航相结合,当选项卡的按钮为白色表示当前选项卡。拍照界面如图 11-14 所示。首页内容区域背景色为白色。功能区域采用 3×2 跳板式导航,图表色彩选择饱和度同为 300 的相近色系颜色,如图 11-15 所示。发现界面内容区域采用列表式导航,分为两个区域,上为今日活动；下为往期活动，每个活动标题之间用直线间隔，如图 11-17 所示。二手市场界面在导航下添加发布操作框，设置为深蓝，便于区分，内容区域采用 2×3 导航设计，陈列二手商品信息，如图 11-17 所示。我的界面包含头像及数据信息，信息下面添加图层蒙版，使文字得以显示，如图 11-18 所示。主界面侧面添加菜单栏，每个选项背景色彩饱和度依次递增，如图 11-19 所示。

图 11-14　拍照

图 11-15　首页

图 11-16　发现

图 11-17　二手市场

图 11-18　我的

图 11-19　侧面菜单

　　界面的制作过程中用到了模糊工具，主要对图像进行局部加模糊，按住鼠标左键不断拖曳即可操作，一般用于颜色与颜色之间比较生硬的地方加以柔和，也用于将图片中没有的部分补齐,使图片更加完整和美观。同时,该功能界面用到了许多图片,需要进行调整才可以使用(色彩调整,色阶,此命令可以用来调节图像中的亮度值范围,同时可调节图像的饱和度、对比度、明亮度等色彩值;自动平衡,此命令可以使图像的各个色彩参数自动进行调整,将每个通道中最亮、最暗的像素点颜色定义成为白色、黑色,对中间色进行按比例的重新分配;曲线,此命令可以精确地改变图像的颜色变化;调整色彩平衡,对整体图像做色彩平衡整体调整,可以在图像中的高亮度区,一般亮度区以及阴影区,添加新的过滤色彩,并可混合各处色彩以增加色彩的均衡效果;调整图像的亮度和对比度,此命令可以简单地调节图像的明亮度和对比度。通过调节图片的色阶、曲线、饱和度等,使图片更加美观,与整体更相吻合。设置导航时用到了形状工具,单击"直线形状工具"按钮,绘制一条适合长度的直线,单击该图层的缩略图,拖动该缩略图至图层面板的"新建"按钮上,得到直线副本,以此方式添加至结束为止,然后使用移动工具设置分割。

3. 功能界面

1) 成绩查询

成绩查询与教务公告、课表查询均设置为链接式,单击功能图标后,获取官网链接,登录后即可查询,如图 11-20 和图 11-21 所示。

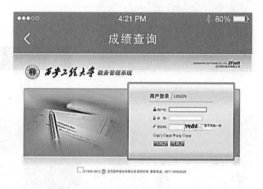

图 11-20　教务处官网　　　　　　　　　图 11-21　政务管理系统登录

制作时使用到了置入工具。选择"文件"→"置入"选项,打开"置入"对话框,找到要置入的文件,这里置入的图片为手机版官网截图,单击"置入"按钮,也可以用拖拽的方式置入文件。方法是将要置入的文件图标拖曳到已经打开的 Photoshop 文件界面上方。置入之后根据尺寸大小调整图片至合适位置,单击"完成"按钮,操作结束。

2)搜地图

搜地图功能位于首页功能选区,显示为本校区地图如图 11-22 所示。该区域为校内外人士提供。该界面比较简单,制作时使用移动工具。

3)二手市场

导航还是采用蓝色,使用吸管工具(吸管工具主要用来吸取图像中某一种颜色,并将其变为前景色,一般用于要用到相同的颜色时,在色板上又难以达到相同的可能,宜用该工具。用鼠标对着该颜色单击即可吸取)将上个页面的颜色吸取,填充到该页面的导航栏与状态栏上,如图 11-23 和图 11-24 所示。

图 11-22　校园地图　　　　图 11-23　二手市场　　　　图 11-24　商品详情

4. 校园简介

校园简介主要面向校外人士。例如,填报高考志愿的同学、尚未步入校门的新生、参与报到的同学,可以了解学校概况、师资力量以及欣赏校园美照,如图 11-25～图 11-27 所示。制作时最多使用了"形状工具",绘制直线,通过大行距加分隔线来突出不同主题。

5. 其他界面

设置界面导航栏为蓝色,背景为白色,图标为黑色。退出标志采用橙色,与蓝色互补,表示强调,如图 11-28 所示。意见反馈界面主色为蓝色,文字为白色,图标为白色,上设对话框,框内文字设为白色,两对话框色彩不同便于区别,且间隔有一定距离,底部为消息框,可编辑文字后发送,如图 11-29 所示。

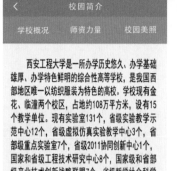

图 11-25　学校概况

图 11-26　师资力量

图 11-27　校园美照

图 11-28　设置

图 11-29　意见反馈

二维码界面整体色彩为黑色,扫描框设置为透明,以便显示底部。给天气界面上部图片加入蒙版,设置文字为白色,图标为白色,显示温度日期;下部为灰色背景,文字为黑色,如图 11-30 和图 11-31 所示。

6. 个人管理界面

导航栏为蓝色,采用菜单式导航和列表式导航,背景图片为真图,上设蒙版,使图片上方文字便于识别。拍照标志采用橙色,表示强调,如图 11-33 所示。

图 11-30 二维码扫描

图 11-31 天气

图 11-32 我的资料

11.2 聚搭实用造型搭配移动应用设计案例

聚搭 App 是一个依托第三方平台(如 Android 平台等),针对时尚的都市人群,聚合定位附近购物店铺以及搭配师等信息,分类集中发布,方便造型搭配的应用软件,为消费者提供穿着消费信息,方便消费者购物。和其他服务类 App 不同的是,聚搭 App 对消费者的职业进行了细分,同时 App 发布的所有内容是结合消费者的搭配体验,由专门的资料搜集整理人员进行搜集、整理、筛选、确认之后再发布的,所有的信息发布都是以方便消费者穿着消费为基本出发点。

11.2.1 需求分析

随着中国互联网用户群的日益庞大,互联网产业正扮演着市场经济的重要角色。与此同时,信息时代的来临彻底改变了人们传统的通信手段。

为了研究不同层次用户的需要,本节采用用户问卷调查的形式进行调研。本次调查将用户以性别与年龄段进行区分,设置了性别、年龄段、平时出门前是否会提前搭配好衣服、喜欢网购还是实体店购买、穿衣风格的类型等 13 个问题。网络问卷调查,将问卷投放在 QQ、微信和微博平台。通过此次调查来分析造型搭配 App 在消费者的心目中的评价以及通过对各种购物 App 的比较发现不足并及时总结。

本次调查从 2021 年 1 月 18 日起发放问卷,截止到 1 月 21 日总共回收 42 份。调查对象为 QQ、微信和微博的好友,其中女生 27 份,男生 15 份。具体问卷调查内容,如图 11-33 所示。

造型搭配App调查问卷

您好,我们正在进行一项关于造型搭配App的调查,想邀请您用几分钟时间帮忙回答这份问卷。本问卷匿名填写,所有数据只用于统计分析,请您放心填写。题目选项无对错之分,请您按自己的实际情况填写。谢谢您的帮助。

(1)(单选题)您的性别?

○ 男
○ 女

(2)(单选题)您的年龄段?

○ 00后
○ 90后
○ 80后
○ 70后
○ 其他

(3)(单选题)您平时出门前会提前搭配好衣服吗?

○ 会
○ 偶尔会
○ 随便穿

(4)(单选题)您喜欢网购还是实体店购买?

○ 网购
○ 实体店购买

(5)(多选题)您平时的穿衣风格属于什么类型?

□ 欧美
□ 日系甜美
□ 英伦复古

图 11-33　调查问卷

☐ 韩范

☐ 森系

☐ OL(类似于白领的职业套装)

☐ 休闲

☐ 淑女

☐ 文艺

☐ 民族风

☐ 其他

(6) (单选题)您希望有软件为你轻松搭配穿衣吗?

○ 特别希望

○ 愿意试试

○ 一般

○ 不希望

(7) (单选题)您愿意上传个人身材信息来获取精确的穿衣搭配吗?(上传的信息只对本人可见)

○ 非常愿意

○ 愿意

○ 看情况,并不排斥

○ 不愿意

(8) (单选题)您以前是否使用过此类App?

○ 使用过

○ 没有

(9) (单选题)您在哪些平台看过关于服装搭配的相关信息?

(10) (多选题)您认为这些平台有哪些优点?

☐ 衣服搭配合理、得体大方

☐ 操作简单流畅

☐ 界面人性化

☐ 其他

(11) (多选题)您希望此类软件具有什么功能?

☐ 搭配衣服

☐ 设计发型

☐ 选择配饰

☐ 其他

图 11-33 (续)

(12) (单选题)您喜欢造型师上门服务吗?

○ 喜欢

○ 可以试试

○ 不喜欢

(13) (填空题)本款App具有: 试穿衣服、试戴发型、周边发型服装实体店推荐、上门造型设计服务等,您觉得这些功能
合理吗?如果觉得不合理,欢迎提出一些改进的意见。

提 交

图 11-33 (续)

针对以上问卷调查内容,调查结果分析如下所述。

问题(1)和问题(2)分析图如图 11-34 所示。问卷总共回收 42 份,受访男性 15 人,受访
女性 27 人,大多数集中在 90 后。相比之下,90 后青年群体对自己的穿着打扮更看重,也占
有很重要的地位,年轻群体的需求量较大,所以市场也就越大。

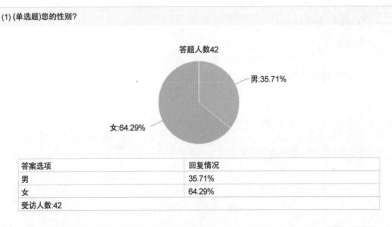

(1) (单选题)您的性别?

答题人数42

男:35.71%

女:64.29%

答案选项	回复情况
男	35.71%
女	64.29%
受访人数:42	

(2) (单选题)您的年龄段?

答题人数42

其他:0.00%
70后:9.52%
80后:9.52%
00后:4.76%
90后:76.19%

答案选项	回复情况
00后	4.76%
90后	76.19%
80后	9.52%
70后	9.52%
其他	0.00%
受访人数:42	

图 11-34 问题(1)和问题(2)分析图

问题(3)和问题(4)分析图如图 11-35 所示。由问题(3)可知,大多数受访者在出门之前会提前搭配好衣服,说明大部分人还是比较注重自己的形象。由问题(4)可知,超过一半的人还是更享受实体店购物带来的乐趣。

(3) (单选题) 您平时出门前会提前搭配好衣服吗?

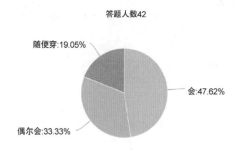

答题人数42

答案选项	回复情况
会	47.62%
偶尔会	33.33%
随便穿	19.05%
受访人数:42	

(4) (单选题)您喜欢网购还是实体店购买?

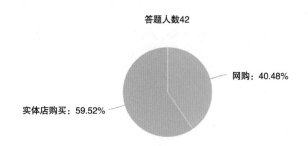

答题人数42

答案选项	回复情况
网购	40.48%
实体店购买	59.52%
受访人数: 42	

图 11-35 问题(3)和问题(4)分析图

问题(5)的分析图如图 11-36 所示。多数受访者在出行前会选择休闲类的衣服,在着装方面以追求舒适为主,而其他受访者会根据自己得工作需求来选择合适的服饰。

问题(6)~问题(8)分析图如图 11-37 所示。由问题(6)可知,大家都愿意有这样一款 App 的存在,大部分受访者愿意下载试试。由问题(7)可知,受访者都不排斥上传个人信息。由问题(8)可知,超过 80% 的受访者没有接触过这样的 App,这为本款 App 提供了市场。

(5) (多选题)您平时的穿衣风格属于什么类型?

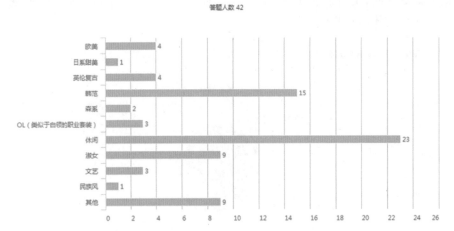

答案选项	回复情况
欧美	4
日系甜美	1
英伦复古	4
韩范	15
森系	2
OL（类似于白领的职业套装）	3
休闲	23
淑女	9
文艺	3
民族风	1
其他	9
受访人数：42	

图 11-36   问题(5)分析图

(6) (单选题)您希望有软件为你轻松搭配穿衣吗?

答案选项	回复情况
特别希望	23.81%
愿意试试	66.67%
一般	9.52%
不希望	0.00%
受访人数:42	

图 11-37   问题(6)～问题(8)分析图

(7) (单选题)您愿意上传个人身材信息来获取精确的穿衣搭配吗?(上传的信息只对本人可见)

答案选项	回复情况
非常愿意	14.29%
愿意	23.81%
看情况，并不排斥	61.90%
不愿意	0.00%
受访人数:42	

(8) (单选题)您以前是否使用过此类App?

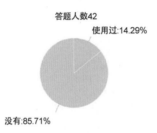

答案选项	回复情况
使用过	14.29%
没有	85.71%
受访人数:42	

图 11-37　（续）

由问题(9)可以看出，很多人都没有看过关于服饰搭配的相关信息，而看过的人也是从微博、微信上了解的，并没有专门的 App。具体如图 11-38 所示。

根据问题(10)～问题(12)，本项目进一步了解了受众对该类型 App 的需求，为该项目的实施提供了重要建议。具体如图 11-39 所示。

根据问题(13)，大部分受访者认为本款 App 安排合理。同时有受访者提出了更好的建议，如远程高级设计师等。具体如图 11-40 所示。

综上问题分析，对本款 App 感兴趣的用户主要集中于 90 后及新晋 00 后，所以在设计 App 时，用户界面等可以偏年轻化。引领时尚的 90 后也会成为本款 App 的巨大潜在用户。

(9) (单选题)您在哪些平台看过关于服装搭配的相关信息?

答案
微信
上网搜索
没有看见过
没有看过
没有
没注意
淘宝
淘宝
男人装
还没有
今日头条
在网上呗
淘宝
新闻
专卖店
无
没有
电视、新闻
男衣库
百度
微博
爱搭配
电视
没
不知道
无
杂志电视
没有
微博
无
淘宝、天猫
没见过
穿衣助手
网购电视综艺
应用App
没有看过
杂志
微信
拼多多
微博、微信公众号
看过
没有

图 11-38　问题(9)分析图

(10) (多选题)您认为这些平台有哪些优点？

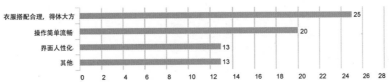

答题人数42

答案选项	回复情况
衣服搭配合理、得体大方	25
操作简单流畅	20
界面人性化	13
其他	13
受访人数:42	

(11) (多选题)您希望此类软件具有什么功能？

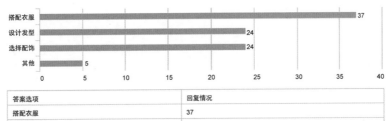

答题人数42

答案选项	回复情况
搭配衣服	37
设计发型	24
选择配饰	24
其他	5
受访人数:42	

(12) (单选题)您喜欢造型师上门服务吗？

答题人数42

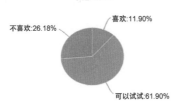

不喜欢:26.18% 喜欢:11.90%

可以试试:61.90%

答案选项	回复情况
喜欢	11.90%
可以试试	61.90%
不喜欢	26.19%
受访人数:42	

图 11-39　问题(10)~问题(12)分析图

(13) (填空题)本款App具有：试穿衣服、试戴发型、周边发型服装实体店推荐、上门造型设计服务等，您觉得这些功能合理吗?如果觉得不合理，欢迎提出一些改进的意见。

答案
没有
无意见但不喜欢
暂时没有
主要看客人需求吧
合理
没有的
可以
没有
合理
可以
可以
可以试试
非常合理，支持!
无
没有
可以考虑
可以尝试
可以吧
合理
合理
合理
还行
没有意见
还可以
可以
暂时没有
合理
无
很不错
合理
还算合理，不过这样感觉会比较贵
想要线上直接匹配造型师
没有
可以
不知道
还好
挺好
不懂，没试过
上门就不需要了
行
好
可以增加远程高级设计师，这样更值得信赖

图 11-40　问题(13)分析图

11.2.2　竞品分析

下面主要以京致衣橱为例，对其进行优缺点分析，京致衣橱的框架如图 11-41 所示。

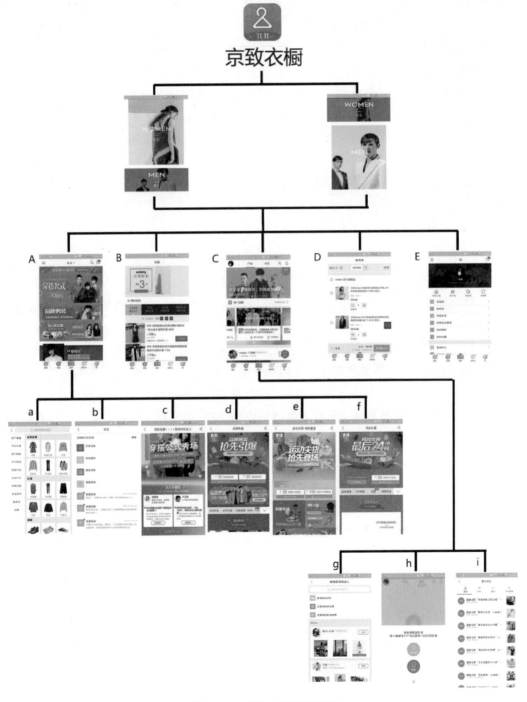

图 11-41　京致衣橱的框架图

对京致衣橱 App 分析如下所述。

优点：基本上详细地设计出服装搭配应该具有的功能,特别是在 C 中有个人功能,此功能支持上传用户的穿衣经验,并支持上传图片的功能,此款 App 可以绑定 QQ 或微信,绑定以后便会在 E(我这个功能)中获得用户京东购物的所有信息,在用户发布自己的穿衣经验后,便能获得相应数量的京豆(京豆在京东购物时可兑换成现金),此功能在获得更多用户的穿衣搭配经验同时,也大大地增强用户对 App 的黏着度。

缺点：在 A(穿衣搭配这一功能)中,给出的搭配模特身材不具有普适性。

对开发 App 的启发。

(1) 设计的 App 可以与某些常用平台合作绑定,便于推广与宣传。

(2) 在推荐服装搭配时,可以选择具有代表性的人,如身材微胖的中年人等,如此更具普适性。服装搭配推荐应该以实用为第一原则,尽最大可能地贴近用户的生活。

11.2.3　用户体验设计

1. 研发的目的

本项目开发的聚搭 App,其主要的使用对象为时尚的都市人群,其研发的目的有以下 3 点。

(1) 快速搜索附近造型服装类实体店,节约在外购物的时间,提高对造型服装选择的效率。

(2) 用户通过客户端随时随地搜寻适合自己风格的造型服装店面从商家推荐的各式搭配中寻觅购物灵感,选择收藏属于自己风格的衣服。

(3) App 采用"时装＋社交＋移动搭配"的理念,在线商品搭配和分享互动功能可以让用户分享穿衣搭配的成果到社交平台参与搭配话题,使其他用户快速获取最新潮流资讯,使对服装造型时尚全无概念的人也能成为新兴的时尚风标。

2. App 的结构

App 部分分为 iOS 系统与 Android 系统两个版本,界面设计成简洁明了的风格,分为首页、店铺推荐、社区、购物车和我的五部分。

(1) 首页部分主要分为天气、签到、上门服务、搭配师、分类 5 个板块。天气板块是用户可以根据天气情况了解应该穿的衣服；签到板块是签到达一定的天数会有代金券或红包奖励用户；上门服务板块是用户可以选择设计师为自己上门搭配或做造型；搭配师板块是用户可以在线咨询搭配要领、搭配是否恰当等；分类板块是该 App 一个重要的功能,用户可以查询所有的搭配。

(2) 店铺推荐部分是按各种排名(综合排名、好评优先、打折力度等)、各种款式以及距离的长短进行分类,尽可能地满足不同需求的用户。

(3) 社区部分多为用户分享的搭配以及设计师发布的搭配,可以对你感兴趣的人进行关注,方便以后查看。

(4) 购物车部分是用户添加想要购买的物品以及付款的页面。

(5) 我的部分是用户对付款情况、发货情况、订单情况等查询的页面。

3. App 具有的功能

本项目具体用户体验的功能如下所述。

(1) 学习相关服务。

学习造型搭配:在 App 中,会有不同的用户上传自己的搭配,当然每天都会有搭配师上传最近流行的搭配。用户可以将别人的搭配方案应用到自己的身上,提高自己的搭配水准以及审美水平。

(2) 生活服务。

① 在线购物服务:实现在线购物服务,并可支持移动端在线转账功能。

② 在线咨询服务:搭配师与用户一对一交流,为用户进一步提供搭配方案。

③ 上门服务:用户下单后,搭配师上门为客户解决搭配问题。服务包括发型设计、服饰搭配设计等。

④ 天气提醒服务:每天根据不同的温度提醒用户该穿什么样的衣服,更贴近用户的生活。

⑤ 打折实体店推荐服务:根据地理位置为用户推荐附近打折的实体店。根据调查,多一半的人更喜欢在实体店购物。这个功能将线上线下联系起来,满足不同用户的需求。

(3) 社交服务。

该功能区的服务包括搭配资讯推送、造型搭配上传等。

① 搭配资讯推送:实时推送搭配师最新咨询,包括最近流行色、流行发型、流行服饰等。

② 搭配上传服务:用户可以将自己满意的搭配上传至社区与大家共享。其他用户可以关注、点赞、转发、评论等。大家互相取长补短,提高搭配水准。

③ 抽奖服务:店家会不定时抽取几位用户送出他们点赞或转发的搭配,包括免费上门做发型、免费送出衣服、配饰等。

11.2.4　交互架构设计

聚搭 App 功能框架如图 11-42 所示,5 个板块的界面原型如图 11-43 所示。通过原型图可看出广告区位较多,界面清晰。综合了竞品的优点,规避了其缺点。

首页主要分为天气、上门服务、搭配师、分类 4 个板块。店铺推荐是按各种排名(综合排名、好评优先、打折力度等)、各种款式以及距离的长短进行分类。尽可能地满足不同需求的用户。社区版块多为用户分享的搭配以及设计师发布的搭配。该 App 支持对感兴趣的人进行关注,方便用户以后查看,如图 11-44 所示。

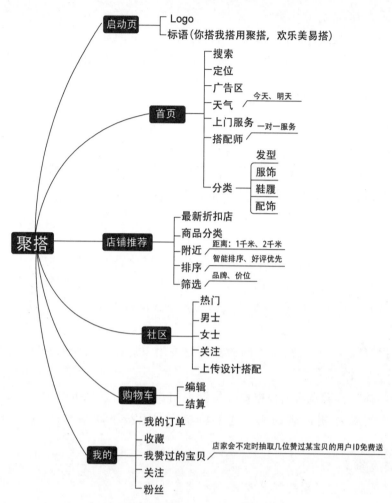

图 11-42　聚搭 App 功能框架图

11.2.5　导航设计

导航的设计主要分为未选中状态和选中状态,如图 11-44 和图 11-45 所示。

未选中时,主页是一个断开房子的形状,它代表着主体;店铺推荐是一个五角星的形状,具体的代表了优秀店铺的意思;社区是 4 个小圆连接起来组成了一个菱形的形状,4 个圆连接起来代表着大家在社区中互相分享、互相联系;购物车就由一个小推车构成,简单易懂;我的由一个人物的简笔画构成,代表用户自己。5 个主图标有一个共同点,就是每个图标都有一个小缺口,这是别具一格的设计,使图标的风格更加统一,更加美观。

选中时,每个图标没有缺口,代表着已经进入该页面。填色时,又没有全部填色,而是留了一点空余的地方,这样使图标更加突出。

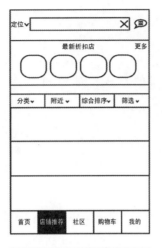

图 11-43 部分界面原型图

首页　　　　店铺推荐　　　　社区　　　　购物车　　　　我的

图 11-44 未选中状态

首页　　　　店铺推荐　　　　社区　　　　购物车　　　　我的

图 11-45 被选中后的状态

11.2.6　按钮设计

除了导航按钮之外,还有内部的子图标,如图 11-46 所示。

天气　　　　签到　　　上门服务　　搭配师　　　分类

图 11-46　子图标

子图标是用色彩的线条构成。每个图标有个缺口、有个小点。这些图标形象生动、简单易懂,颜色温暖恬静,给人视觉带来一种耳目一新的感觉。

11.2.7　界面设计

用户界面的设计很好地体现了情感化的设计,采用主色调为橘红色,土灰色为辅助颜色,排版清晰,结构一目了然。App 主页面分为首页、分类、社区、购物车、我的 5 个版块,下边又包括 9 个小功能,如图 11-47 所示。

色彩详解:手机 App 界面设计中,色彩是很重要的一个 UI 设计元素。运用得当的色彩搭配,可以为 UI 界面的设计加分。手机 App 界面要给人整齐、简洁、条理清晰感,依靠的就是界面元素的排版和间距设计,还有色彩的合理、舒适度搭配。其色彩运用原理需要遵循一定的对比原则。在聚搭 App 主色调的选择与应用上主要体现了以下原则。

1. 设计色调的统一

针对软件类型以及目标用户选择恰当色调,如安全软件用绿色作为主色调体现环保。通常,红色的色彩心理代表热情,而橘红色是一种较为低调的红色,一般为女性喜爱。鉴于聚搭 App 的目标用户为青年女性,面对橘红色的界面,有助于缓解精神压力。在用户搜索服装搭配时,可以为用户带来放松舒适的用户体验。

2. 遵循对比原则

对比原则是浅色背景使用深色文字,深色背景上使用浅色文字。本次选用橘红色作为 App 的主色调,黑蓝色文字作为文案主色。虽说 App 的服装搭配宗旨是新颖、潮流,但使用对比强烈的色彩,容易产生憎恶感的颜色,从而导致不友好界面。而橘红色系很好地避免了这个问题。

图 11-47 聚搭 App 实用造型搭配移动应用色彩图

3. 色彩类别的控制

整个界面的色彩尽量少使用类别不同的颜色,以免给人眼花缭乱的感觉,界面需要保持干净。所以 App 整体的色彩搭配以橘红色为主,同一色系下不同饱和度色彩为辅色,以无色相的黑白来划分和突出界面分布,以达到界面整洁干净的效果。

该应用的色彩选择标准如下所述。

(1) App 主色选用中明度中饱和度的橘红色,鲜艳醒目,用于需要特别强调和突出的文字、按钮和图标,其颜色值为♯ba4616,如图 11-48 所示。

图 11-48　系统色样 1　♯ba4616

(2) App 的辅助色选用一款低明度低饱和度的红色,和主色是同色系,它主要用于子图标,其颜色值为♯E20051,如图 11-49 所示。

图 11-49　系统色样 2　♯E20051

(3)黑蓝色主要用于字体,其颜色值为♯1e2229,如图 11-50 所示。

图 11-50　系统色样 3　♯1e2229

参 考 文 献

[1]　安小龙.Photoshop 智能手机 App 界面设计之道[M].北京：清华大学出版社,2016.

[2]　Art Eyes 设计工作室.创意 UI——Photoshop 玩转移动 UI 设计[M].北京：人民邮电出版社,2015.

[3]　创锐设计.Photoshop CC 移动 UI 界面设计与实战[M].北京：电子工业出版社,2015.

[4]　华天印象.Photoshop CC App UI 设计从入门到精通[M].北京：人民邮电出版社,2016.

[5]　张晓景.移动互联网之路 App UI 设计入门到精髓[M].北京：清华大学出版社,2016.

[6]　蒋珍珍.Photoshop 移动 UI 设计从入门到精通[M].北京：清华大学出版社,2017.

[7]　曾军梅.移动界面(Web/App)Photoshop UI 设计十全大补[M].北京：清华大学出版社,2017.

[8]　水木居士.Photoshop 移动 UI 界面设计实用教程[M].北京：人民邮电出版社,2016.

[9]　杜长清.Photoshop 手机 App 界面设计实战入门[M].北京：人民邮电出版社,2016.

[10]　高鹏.Photoshop 智能手机 App 界面设计[M].北京：机械工业出版社,2016.

[11]　常方圆,于胜男.移动应用界面设计[M].青岛：中国海洋大学出版社,2014.

图书资源支持

感谢您一直以来对清华版图书的支持和爱护。为了配合本书的使用，本书提供配套的资源，有需求的读者请扫描下方的"书圈"微信公众号二维码，在图书专区下载，也可以拨打电话或发送电子邮件咨询。

如果您在使用本书的过程中遇到了什么问题，或者有相关图书出版计划，也请您发邮件告诉我们，以便我们更好地为您服务。

我们的联系方式：

地　　址：北京市海淀区双清路学研大厦 A 座 714

邮　　编：100084

电　　话：010-83470236　　010-83470237

客服邮箱：2301891038@qq.com

QQ：2301891038（请写明您的单位和姓名）

资源下载：关注公众号"书圈"下载配套资源。

资源下载、样书申请

书圈

获取最新书目

观看课程直播